쏙셈⁺ 플러스

"연산 문제는 잘 푸는데 문장제만 보면 머리가 멍해져요."

"문제를 어떻게 풀어야 할지 모르겠어요."

"문제에서 무엇을 구해야 할지 이해하기가 힘들어요."

연산 문제는 척척 풀 수 있는데

문장제를 보면 문제를 풀기도 전에

어렵게 느껴지나요?

하지만 연산 문제도 처음부터 쉬웠던 것은 아닐 거예요.

반복 학습을 통해 계산법을 익히면서 잘 풀게 된 것이죠.

문장제를 학습할 때에도 마찬가지입니다.

단순하게 연산만 적용하는 문제부터 점점 난이도를 높여 가며,

문제를 이해하고 풀이 과정을 반복하여 연습하다 보면

문장제에 대한 두려움은 사라지고

아무리 복잡한 문장제라도 척척 풀어낼 수 있을 거예요.

『하루 한장 쏙셈⁺』는

가장 단순한 문장제부터 한 단계 높은 응용 문제까지

알차게 구성하였어요.

자, 우리 함께 시작해 볼까요?

구성과 특징

1일차

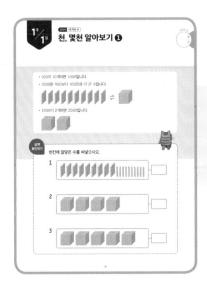

- 주제별 개념을 확인합니다.
- 개념을 확인하는 기본 문제를 풀며 실력을 점검합니다.

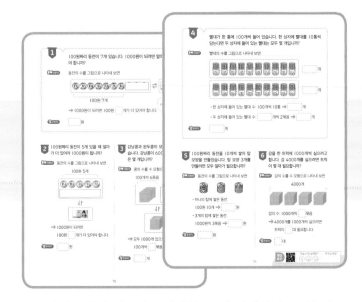

- 주제별로 가장 단순한 문장제를 『문제 이해하기 ➡ 식 세우기 ➡ 답 구하기』 단계를 따라가며 풀어 보면서 문제풀이의 기초를 다집니다.
- 문제는 예제, 유제 형태로 구성되어 있어 반복 학습이 가능합니다.

2일차

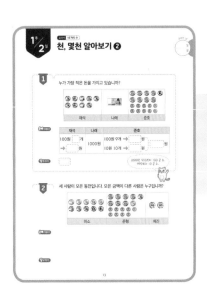

- 1일차 학습 내용을 다시 한 번 확인합니다.

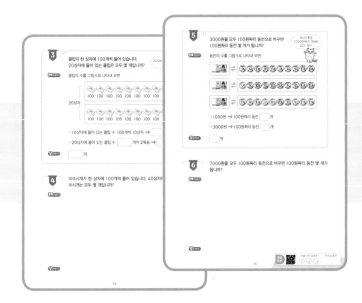

- 주제별 1일차보다 난이도 있는 다양한 유형의 문제를 예제, 유제 형태로 구성하였습니다.
- 교과서에서 다루고 있는 문제 중에서 교과 역량을 키울 수 있는 문제를 선별하여 수록하였습니다.

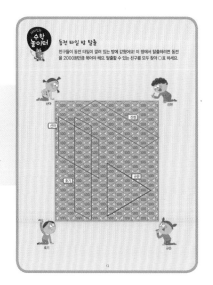

● 창의력을 키우는 수학 놀이터로 하루 학습을 마무리합니다.

● 학습에 대한 부담은 줄이고, 수학에 대한 흥미, 자신감을 최대로 끌어올릴 수 있습니다.

쏙셈╋는
주제별로 2일 학습으로 구성되어 있습니다.

1일차 학습을 통해 **기본 개념**을 다지고,

2일차 학습을 통해 **문장제 적용 훈련**을 할 수 있습니다.

● 창의력을 키우는 수학 놀이터로 하루 학습을 마무리합니다.

● 학습에 대한 부담은 줄이고, 수학에 대한 흥미, 자신감을 최대로 끌어올릴 수 있습니다.

단원의
마무리 학습

● 단원에서 배웠던 내용을 되짚어 보며 실력을 점검합니다.

● 수학적으로 생각하는 힘을 키울 수 있는 문제를 수록하였습니다.

차례

네 자리 수

곱셈구구

『하루 한장 쏙셈➕』 이렇게 활용해요!

교과서와 연계 학습을!

교과서에 따른 모든 영역별 연산 부분에서 다양한 유형의 문장제를 만날 수 있습니다. 『하루 한장 쏙셈➕』는 학기별 교과서와 연계되어 있으므로 방학 중 선행 학습 교재나 학기 중 진도 교재로 사용할 수 있습니다.

실력이 쏙쏙!

수학의 기본이 되는 연산 학습을 체계적으로 학습했다면, 문장으로 된 문제를 이해하고 어떻게 풀어야 하는지 수학적으로 사고하는 힘을 길러야 합니다. 『하루 한장 쏙셈➕』로 문제를 이해하고 그에 맞게 식을 세워서 풀이하는 과정을 반복함으로써 문제 푸는 실력을 키울 수 있습니다.

문장제를 집중적으로!

문장제는 연산을 적용하는 가장 단순한 문제부터 난이도를 점점 높여 가며 문제 푸는 과정을 반복하는 학습이 필요합니다. 『하루 한장 쏙셈➕』로 문장제를 해결하는 과정을 집중적으로 훈련하면 특정 문제에 대한 풀이가 아닌 어떤 문제를 만나도 스스로 해결 방법을 생각해 낼 수 있는 힘을 기를 수 있습니다.

네 자리 수

이렇게 배우고 있어요!

배운 내용

[2-1]
• 세 자리 수

단원 내용

• 천, 몇천 알아보기
• 네 자리 수 쓰고 읽기
• 각 자리의 숫자가 나타내는 값 알아보기
• 뛰어 세기
• 네 자리 수의 크기 비교하기

배울 내용

[4-1]
• 큰 수

학습 계획 세우기

공부할 내용에 대한 계획을 세우고,
학습해 보아요!

교과서 네 자리 수

천, 몇천 알아보기 ❶

- 100이 10개이면 1000입니다.
- 1000은 900보다 100만큼 더 큰 수입니다.

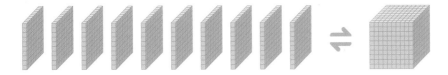

- 1000이 2개이면 2000입니다.

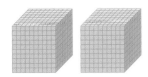

실력 확인하기

빈칸에 알맞은 수를 써넣으시오.

1

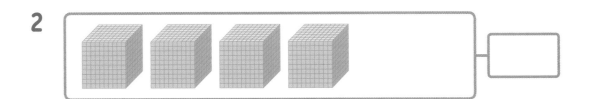

2

3

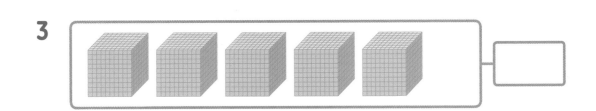

1 100원짜리 동전이 7개 있습니다. 1000원이 되려면 얼마가 더 있어야 합니다까?

문제 이해하기 동전의 수를 그림으로 나타내 보면

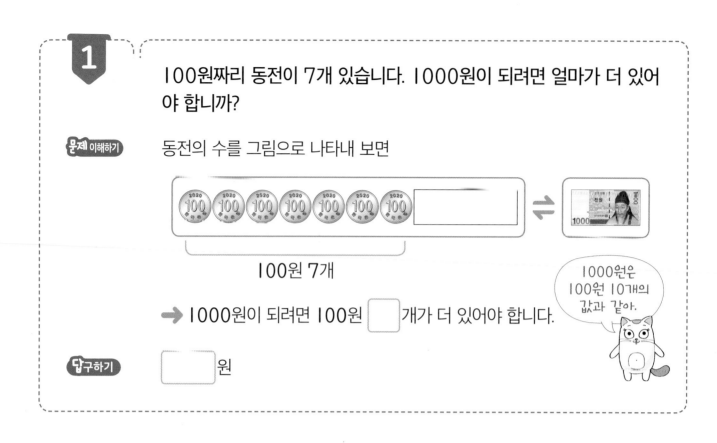

100원 7개

1000원은
100원 10개의
값과 같아.

➡ 1000원이 되려면 100원 ☐ 개가 더 있어야 합니다.

답구하기 ☐ 원

---

2 100원짜리 동전이 5개 있을 때 얼마가 더 있어야 1000원이 됩니까?

문제 이해하기 동전의 수를 그림으로 나타내 보면

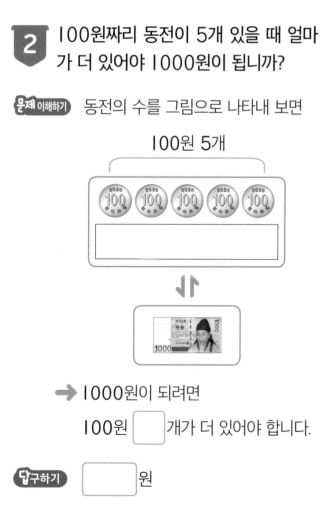

100원 5개

➡ 1000원이 되려면

100원 ☐ 개가 더 있어야 합니다.

답구하기 ☐ 원

---

3 강낭콩과 완두콩이 모두 1000개 있습니다. 강낭콩이 600개일 때 완두콩은 몇 개입니까?

문제 이해하기 콩의 수를 수 모형으로 나타내 보면

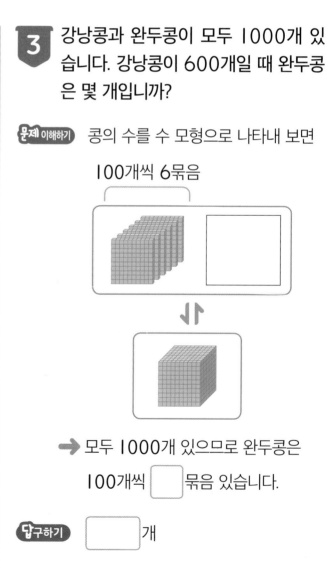

100개씩 6묶음

➡ 모두 1000개 있으므로 완두콩은

100개씩 ☐ 묶음 있습니다.

답구하기 ☐ 개

4 빨대가 한 통에 100개씩 들어 있습니다. 한 상자에 빨대를 10통씩 담는다면 두 상자에 들어 있는 빨대는 모두 몇 개입니까?

문제 이해하기 빨대의 수를 그림으로 나타내 보면

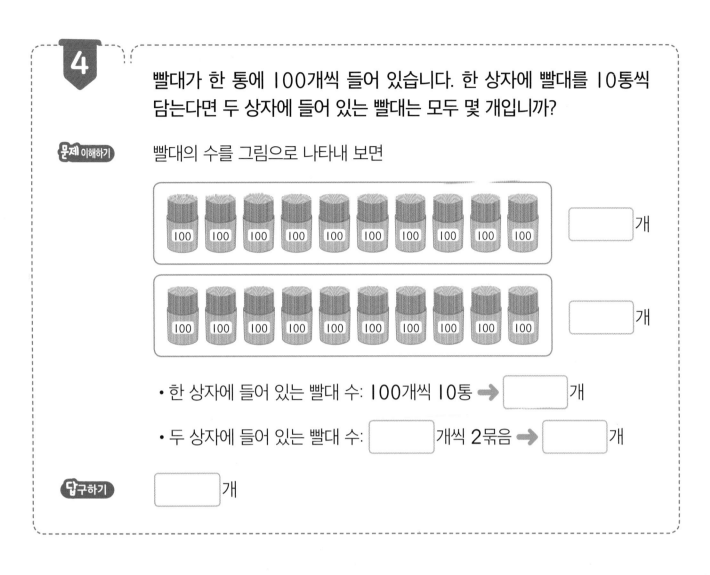

⬜ 개

⬜ 개

• 한 상자에 들어 있는 빨대 수: 100개씩 10통 ➡ ⬜ 개

• 두 상자에 들어 있는 빨대 수: ⬜ 개씩 2묶음 ➡ ⬜ 개

답구하기 ⬜ 개

---

5 100원짜리 동전을 10개씩 쌓아 탑 모양을 만들었습니다. 탑 모양 3개를 만들려면 모두 얼마가 필요합니까?

문제 이해하기 동전의 수를 그림으로 나타내 보면

• 하나의 탑에 쌓은 동전:

100원 10개 ➡ ⬜ 원

• 3개의 탑에 쌓은 동전:

1000원씩 3묶음 ➡ ⬜ 원

답구하기 ⬜ 원

---

6 감을 한 트럭에 1000개씩 실으려고 합니다. 감 4000개를 실으려면 트럭이 몇 대 필요합니까?

문제 이해하기 감의 수를 수 모형으로 나타내 보면

4000개

감의 수: 1000개씩 ⬜ 묶음

➡ 4000개를 1000개씩 실으려면 트럭이 ⬜ 대 필요합니다.

답구하기 ⬜ 대

동전 타일 방 탈출

친구들이 동전 타일이 깔려 있는 방에 갇혔어요! 이 방에서 탈출하려면 동전을 2000원만큼 묶어야 해요. 탈출할 수 있는 친구를 모두 찾아 ○표 하세요.

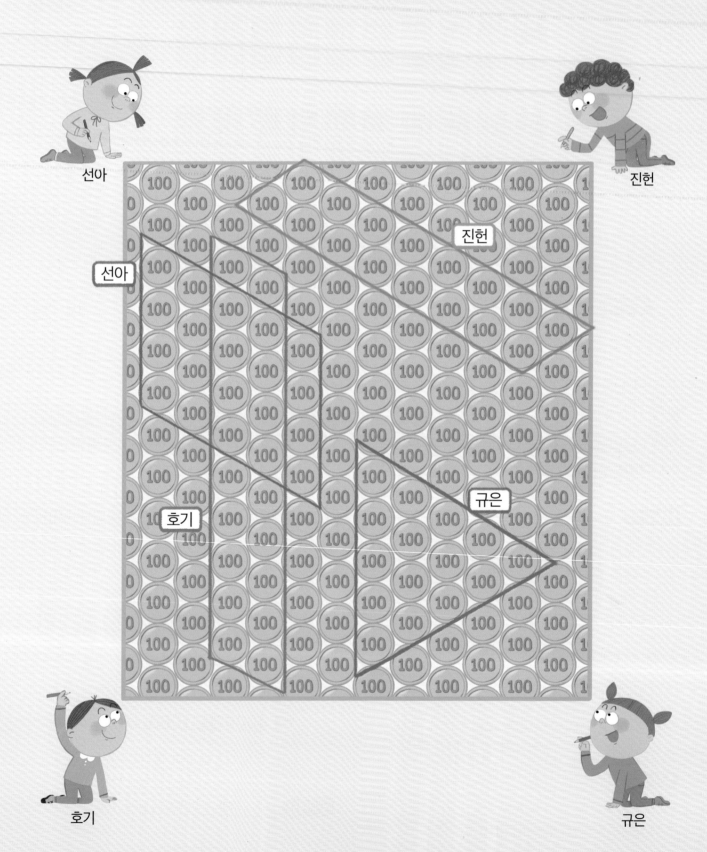

12

교과서 | 네 자리 수

천, 몇천 알아보기 ❷

1

누가 가장 적은 돈을 가지고 있습니까?

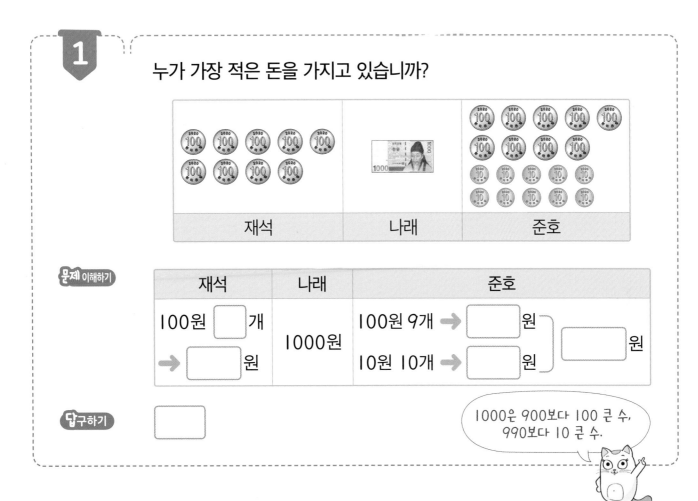

재석	나래	준호

문제 이해하기

재석	나래	준호	
100원 ☐ 개 ➡ ☐ 원	1000원	100원 9개 ➡ ☐ 원 10원 10개 ➡ ☐ 원	☐ 원

답구하기 ☐

> 1000은 900보다 100 큰 수,
> 990보다 10 큰 수.

2

세 사람이 모은 동전입니다. 모은 금액이 다른 사람은 누구입니까?

미소	준형	예진

문제 이해하기

답구하기

3

클립이 한 상자에 100개씩 들어 있습니다.
20상자에 들어 있는 클립은 모두 몇 개입니까?

20상자는 10상자씩 2묶음.

문제 이해하기

클립의 수를 그림으로 나타내 보면

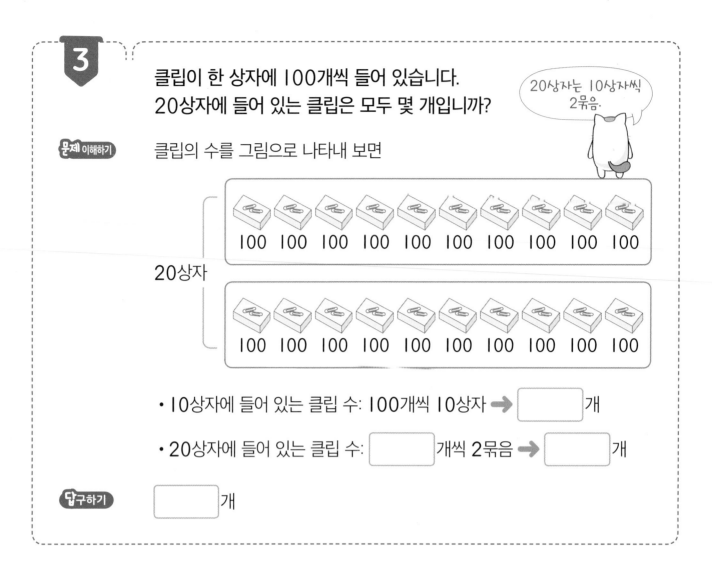

20상자

100 100 100 100 100 100 100 100 100 100

100 100 100 100 100 100 100 100 100 100

· 10상자에 들어 있는 클립 수: 100개씩 10상자 ➡ [　　　]개

· 20상자에 들어 있는 클립 수: [　　　]개씩 2묶음 ➡ [　　　]개

답구하기 [　　　]개

4

이쑤시개가 한 상자에 100개씩 들어 있습니다. 40상자에 들어 있는 이쑤시개는 모두 몇 개입니까?

문제 이해하기

답구하기

14

5

3000원을 모두 100원짜리 동전으로 바꾸면 100원짜리 동전 몇 개가 됩니까?

3000원은 1000원짜리 3장의 값과 같아.

문제 이해하기

동전의 수를 그림으로 나타내 보면

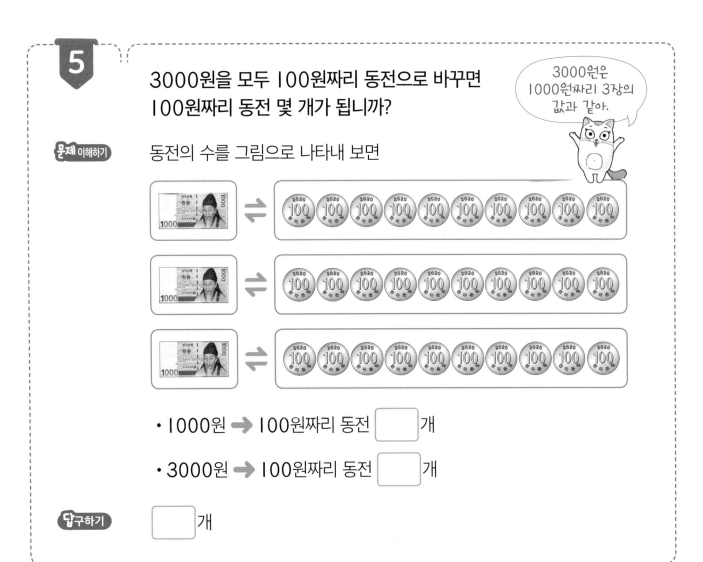

· 1000원 ➡ 100원짜리 동전 ☐ 개

· 3000원 ➡ 100원짜리 동전 ☐ 개

답구하기 ☐ 개

6

7000원을 모두 100원짜리 동전으로 바꾸면 100원짜리 동전 몇 개가 됩니까?

문제 이해하기

답구하기

빙수를 먹어요

친구들이 고른 빙수는 얼마일까요? 내야 하는 금액만큼 지갑 속의 돈을 색칠하세요.

초콜릿 빙수
3500원

녹차 빙수
4000원

딸기 빙수
4500원

녹차 빙수 한 개 주세요!

초콜릿 빙수 한 개랑
딸기 빙수 한 개 주세요.

16

네 자리 수 알아보기

1000이 1개, 100이 2개, 10이 4개, 1이 3개이면 1243입니다.

천 모형	백 모형	십 모형	일 모형
1000이 1개	100이 2개	10이 4개	1이 3개

빈칸에 알맞은 수를 써넣으시오.

1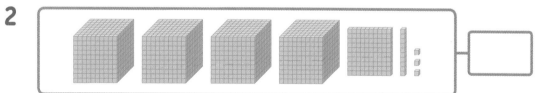

2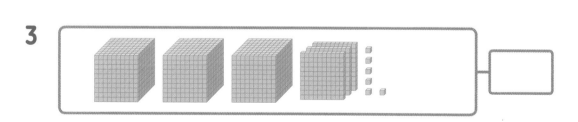

3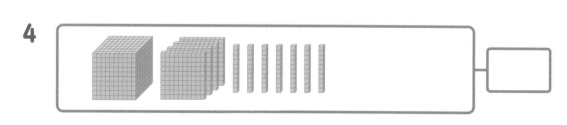

4

1 단추의 수를 쓰고 읽어 보시오.

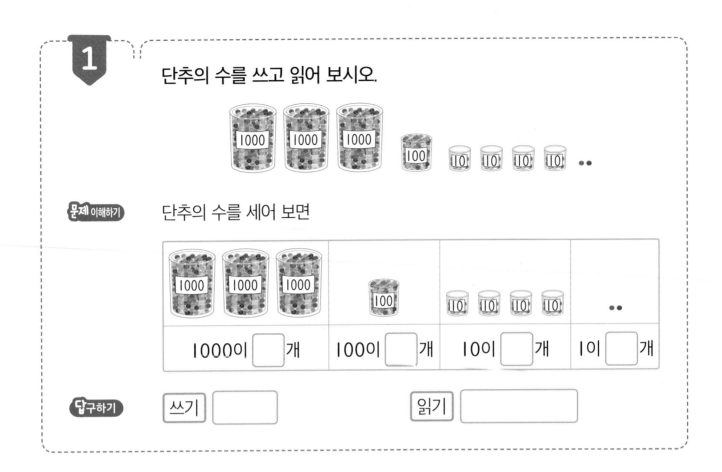

문제 이해하기 단추의 수를 세어 보면

1000이 ☐ 개	100이 ☐ 개	10이 ☐ 개	1이 ☐ 개

답구하기 쓰기 ☐   읽기 ☐

---

2 김의 수를 쓰고 읽어 보시오.

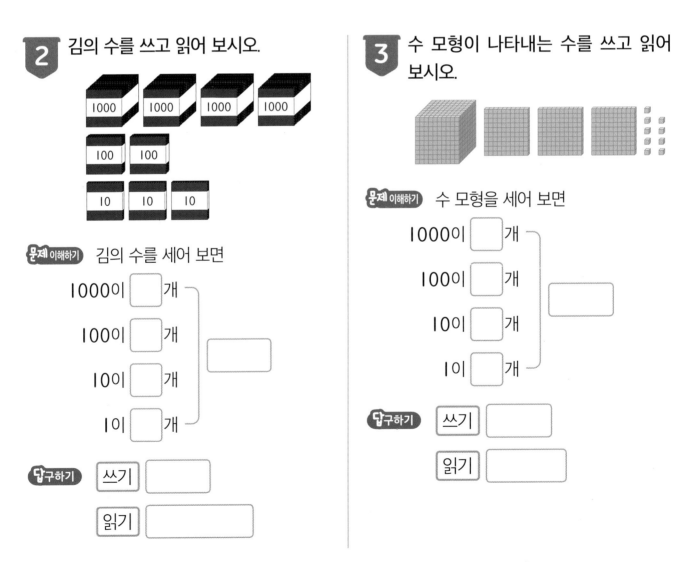

문제 이해하기 김의 수를 세어 보면

1000이 ☐ 개
100이 ☐ 개
10이 ☐ 개
1이 ☐ 개

답구하기 쓰기 ☐
읽기 ☐

3 수 모형이 나타내는 수를 쓰고 읽어 보시오.

문제 이해하기 수 모형을 세어 보면

1000이 ☐ 개
100이 ☐ 개
10이 ☐ 개
1이 ☐ 개

답구하기 쓰기 ☐
읽기 ☐

4

수 모형 4개 중 3개를 사용하여 나타낼 수 있는 네 자리 수를 모두 쓰시오.

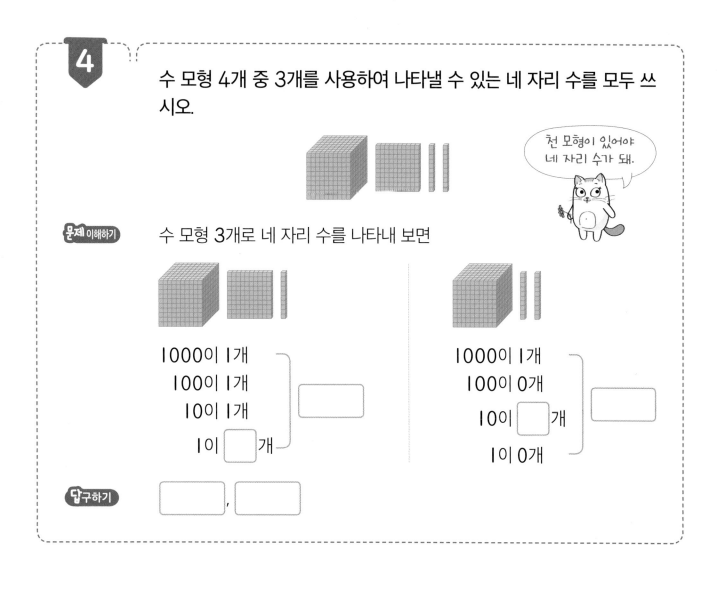

천 모형이 있어야 네 자리 수가 돼.

문제 이해하기 수 모형 3개로 네 자리 수를 나타내 보면

1000이 1개
100이 1개
10이 1개
1이 ☐ 개
☐

1000이 1개
100이 0개
10이 ☐ 개
1이 0개
☐

답구하기 ☐ , ☐

---

5 수 모형 4개 중 3개를 사용하여 나타낼 수 있는 네 자리 수를 모두 쓰시오.

문제 이해하기 네 자리 수로 나타내 보면

1000이 1개, 100이 2개
→ ☐

1000이 1개, 100이 1개, 1이 1개
→ ☐

답구하기 ☐ , ☐

---

6 수 모형 5개 중 4개를 사용하여 나타낼 수 있는 네 자리 수를 모두 쓰시오.

문제 이해하기 네 자리 수로 나타내 보면

1000이 2개, 10이 2개 → ☐

1000이 1개, 10이 3개 → ☐

답구하기 ☐ , ☐

정답 확인 오늘 나의 실력은? 부모님 확인

금고를 열어라

종이에 적힌 힌트를 보고 각 자리의 숫자를 찾으면 금고의 비밀번호를 알 수 있어요. 비밀번호를 풀어서 금고를 열어 보세요.

4276 천의 자리 숫자

2739 백의 자리 숫자

6054 십의 자리 숫자

8913 일의 자리 숫자

교과서 | 네 자리 수

자릿값 알아보기 ❶

7	7	7	7

7777=7000+700+70+7

↓

7	0	0	0
	7	0	0
		7	0
			7

7은 천의 자리 숫자이고, 7000을 나타냅니다.

7은 백의 자리 숫자이고, 700을 나타냅니다.

7은 십의 자리 숫자이고, 70을 나타냅니다.

7은 일의 자리 숫자이고, 7을 나타냅니다.

실력 확인하기

밑줄 친 숫자가 나타내는 값에 ○표 하시오.

1

3269			
3000	300	30	3

2

5873			
8000	800	80	8

3

7512			
5000	500	50	5

4

4359			
9000	900	90	9

5

1846			
4000	400	40	4

6

2968			
2000	200	20	2

1

숫자 5가 나타내는 값이 가장 큰 수를 고르시오.

| 2576 | 5194 | 4358 |

문제 이해하기 숫자 5가 나타내는 값을 각각 알아보면

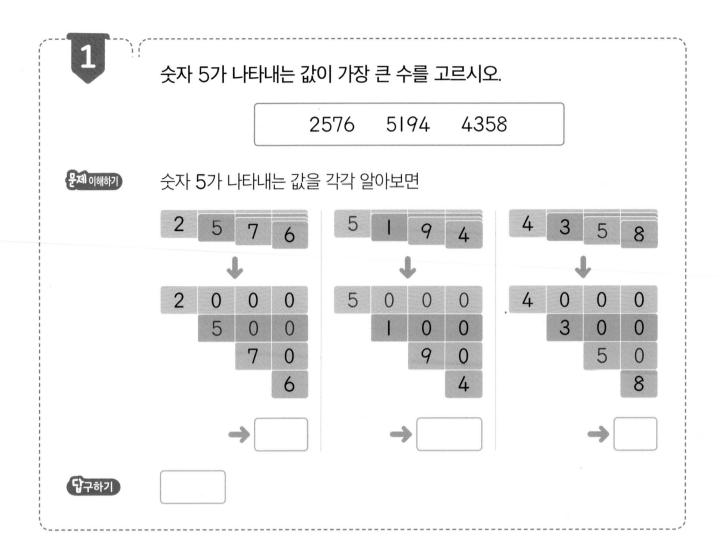

답구하기

2

숫자 8이 나타내는 값이 가장 작은 수를 고르시오.

| 1784 | 3862 | 8102 |

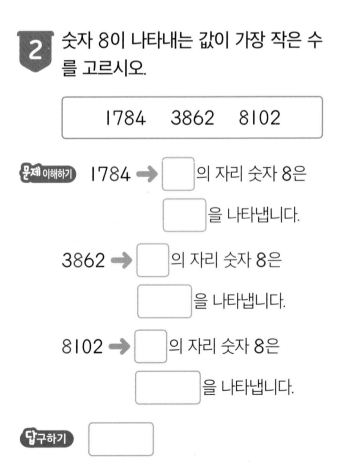

문제 이해하기 1784 → ☐ 의 자리 숫자 8은 ☐ 을 나타냅니다.

3862 → ☐ 의 자리 숫자 8은 ☐ 을 나타냅니다.

8102 → ☐ 의 자리 숫자 8은 ☐ 을 나타냅니다.

답구하기

3

밑줄 친 숫자가 나타내는 값이 가장 큰 수를 고르시오.

| 85<u>4</u>4 | <u>2</u>237 | 9<u>8</u>81 |

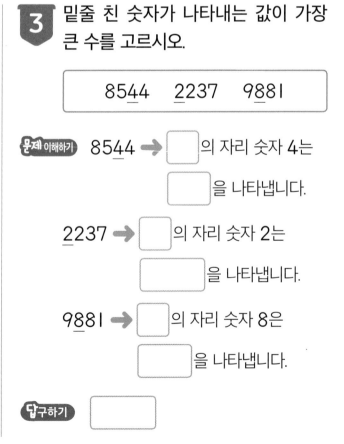

문제 이해하기 85<u>4</u>4 → ☐ 의 자리 숫자 4는 ☐ 을 나타냅니다.

<u>2</u>237 → ☐ 의 자리 숫자 2는 ☐ 을 나타냅니다.

9<u>8</u>81 → ☐ 의 자리 숫자 8은 ☐ 을 나타냅니다.

답구하기

4

1342를 ■▲▲▲○○○○◆◆와 같이 나타냈습니다. 같은 방법으로 나타낸 ■■▲▲▲▲▲▲○는 얼마입니까?

문제 이해하기 1342에서 각 모양이 얼마를 나타내는지 알아보면

1000이 1개 ■가 [ ]개 ■는 [ ]

100이 3개 ▲가 [ ]개 ▲는 [ ] 을 나타냅니다.

10이 4개 ○가 [ ]개 ○는 [ ]

1이 2개 ◆가 [ ]개 ◆는 [ ]

→ ■■▲▲▲▲▲▲○가 나타내는 수는

[ ]이 2개, [ ]이 6개, [ ]이 1개인 수

답구하기 [ ]

---

5 3215를 ☆☆☆♡♡□○○○○ 와 같이 나타냈습니다. 같은 방법으로 나타낸 ☆☆☆☆□□□는 얼마입니까?

문제 이해하기 3215는 1000이 3개, 100이 2개, 10이 1개, 1이 5개인 수이므로

☆은 1000, ♡는 [ ], □는 [ ],

○는 [ ] 을 나타냅니다.

→ ☆☆☆☆□□□가 나타내는 수는

[ ]이 4개, [ ]이 3개인 수

답구하기 [ ]

---

6 1423을 ◆▲▲▲▲♥♥★★★ 과 같이 나타낼 때, 5020을 같은 방법으로 나타내 보시오.

문제 이해하기 1423은 1000이 1개, 100이 4개, 10이 2개, 1이 3개인 수이므로

◆는 1000, ▲는 [ ],

♥는 [ ], ★은 [ ] 을 나타냅니다.

→ 5020은 1000이 5개, 10이 2개인 수이므로 [ ] 5개, [ ] 2개로 나타냅니다.

답구하기 [ ]

신기한 자릿값 자석

빨간색 숫자가 나타내는 값이 자석에 쓰인 숫자와 같으면 못이 자석에 달라
붙어요. 아무 자석에도 붙지 않는 못을 모두 찾아 ○표 하세요.

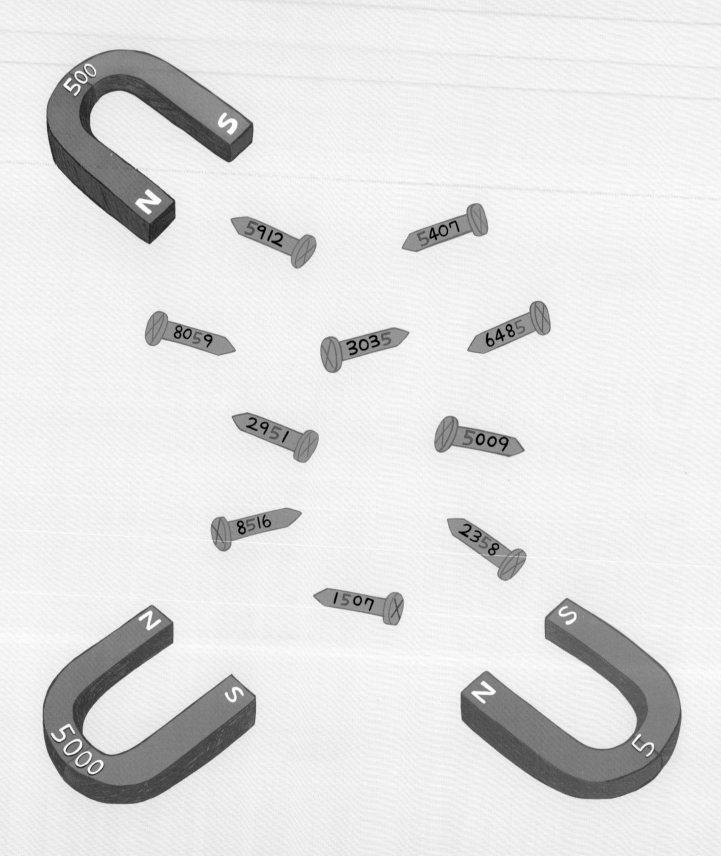

교과서 네 자리 수

자릿값 알아보기 ❷

공부한 날
월
일

1

수 카드 4장을 한 번씩 사용하여 백의 자리 숫자가 300, 십의 자리 숫자가 70을 나타내는 네 자리 수를 모두 만들어 보시오.

| 3 | 7 | 5 | 9 |

 문제 이해하기

• 백의 자리 숫자가 300, 십의 자리 숫자가 70을 나타내는 네 자리 수

→ ▢ ▢ ▢ ▢

• 천의 자리나 일의 자리에 올 수 있는 숫자는 ▢ , ▢ 이므로

천	백	십	일
▢	▢	▢	▢
▢			▢

답구하기 ▢ , ▢

2

수 카드 4장을 한 번씩 사용하여 천의 자리 숫자가 6000, 십의 자리 숫자가 80을 나타내는 네 자리 수를 모두 만들어 보시오.

| 8 | 2 | 5 | 6 |

문제 이해하기

 답구하기

 **3**

1000원짜리 지폐 2장, 100원짜리 동전 14개, 10원짜리 동전 5개 는 모두 얼마입니까?

문제 이해하기 100원짜리 10개를 1000원짜리 1장으로 바꾸어 나타내 보면

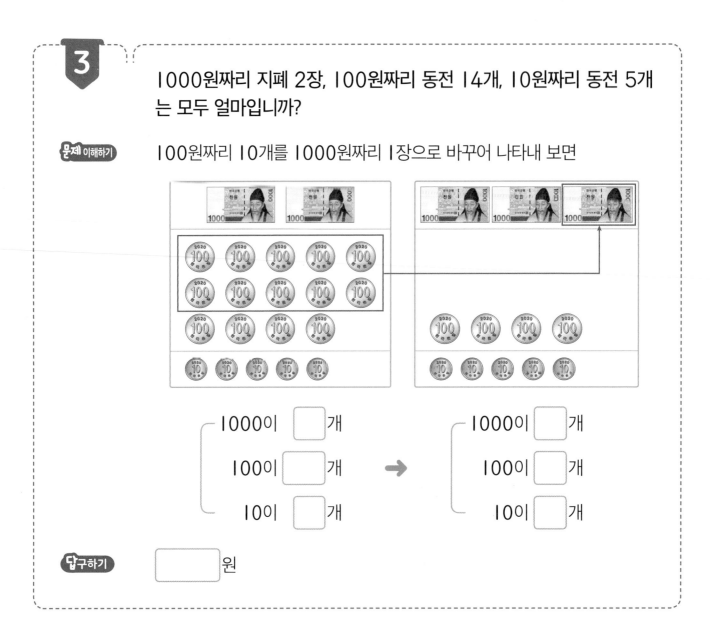

1000이 ☐개

100이 ☐개

10이 ☐개

➡

1000이 ☐개

100이 ☐개

10이 ☐개

답구하기 ☐원

 4

1000원짜리 지폐 5장, 100원짜리 동전 17개, 10원짜리 동전 3개는 모두 얼마입니까?

문제 이해하기

답구하기

동전 4개 중 3개를 사용하여 나타낼 수 있는 네 자리 수를 모두 쓰시오.

문제 이해하기

· 500원 2개 ➡ 100원 10개와 같으므로 ⬚ 원

· 동전 3개를 골라 네 자리 수를 만들어 보면

⬚이 2개
⬚이 1개
➡
⬚이 1개
⬚이 1개

⬚이 2개
⬚이 1개
➡
⬚이 1개
⬚이 1개

답구하기

⬚ , ⬚

6

동전 5개 중 4개를 사용하여 나타낼 수 있는 네 자리 수를 모두 쓰시오.

문제 이해하기

답구하기

오늘 나의 실력은? 부모님 확인

정답 확인

어디로 가야 할까요?

갈림길에 표지판이 있네요. 밑줄 친 수가 나타내는 값에 모두 색칠하면 어느 방향으로 가야 할지 알 수 있어요.

3682 2234 6471 5796
1645 4573 9138

1	10	100	1000
2	20	200	2000
3	30	300	3000
4	40	400	4000
5	50	500	5000
6	60	600	6000
7	70	700	7000
8	80	800	8000
9	90	900	9000

뛰어 세기 ❶

- 1000씩 뛰어 세면 천의 자리 수가 1씩 커집니다.

| 1111 | 2111 | 3111 | 4111 | 5111 | 6111 | 7111 |

- 100씩 뛰어 세면 백의 자리 수가 1씩 커집니다.

| 1111 | 1211 | 1311 | 1411 | 1511 | 1611 | 1711 |

실력 확인하기

뛰어 세어 빈칸에 알맞은 수를 써넣으시오.

1 | 1200 | 2200 | 3200 | | | |

2 | 2107 | 2207 | 2307 | | | |

3 | 6023 | | 6025 | 6026 | | |

4 | 1915 | 1925 | | | | 1965 |

1

공장에 연필이 5272자루 있습니다. 내일부터 하루에 100자루씩 더 생산한다면 5일 후에 모두 몇 자루가 됩니까?

문제 이해하기 100자루씩 5일 더 생산하므로

5272부터 ☐ 씩 ☐ 번 뛰어 세면

> 100씩 뛰어 세면 백의 자리 수가 1씩 커져.

| 5272 | ☐ | ☐ | ☐ | ☐ | ☐ |

답구하기 ☐ 자루

---

2 수아가 오늘까지 종이학을 1036개 접었습니다. 수아가 접은 종이학은 6일 후에 모두 몇 개가 됩니까?

> 내일부터 하루에 10개씩 접을 거야.

수아

문제 이해하기 10개씩 6일 더 접으므로

1036부터 ☐ 씩 ☐ 번 뛰어 세면

| 1036 | ☐ | ☐ |

| ☐ | ☐ | ☐ |

| ☐ |

답구하기 ☐ 개

---

3 재경이가 3월까지 2850원을 모았습니다. 재경이가 10월까지 모은 돈은 모두 얼마가 됩니까?

> 4월부터 10월까지 한 달에 1000원씩 모을 거야.

재경

문제 이해하기 1000원씩 ☐ 달 동안 더 모으므로

2850부터 ☐ 씩 ☐ 번 뛰어 세면

| 2850 | ☐ | ☐ |

| ☐ | ☐ | ☐ |

| ☐ | ☐ |

답구하기 ☐ 원

4

⊙에 알맞은 수를 구하시오.

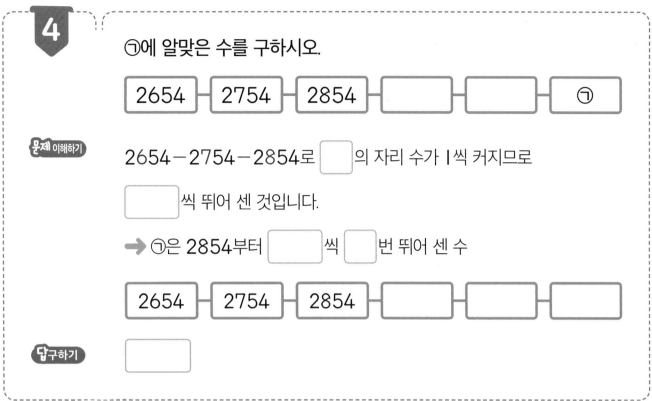

| 2654 | 2754 | 2854 | | | ⊙ |

문제 이해하기

2654−2754−2854로 ☐ 의 자리 수가 1씩 커지므로

☐ 씩 뛰어 센 것입니다.

➡ ⊙은 2854부터 ☐ 씩 ☐ 번 뛰어 센 수

| 2654 | 2754 | 2854 | | | |

답구하기 ☐

5

★에 알맞은 수를 구하시오.

| 2045 | 3045 | 4045 |

| | | ★ |

문제 이해하기 2045−3045−4045로

☐ 의 자리 수가 1씩 커지므로

☐ 씩 뛰어 센 것입니다.

➡ ★은 4045부터

☐ 씩 ☐ 번 뛰어 센 수

| 4045 | | |

☐

답구하기 ☐

6

⊙에 알맞은 수를 구하시오.

| 9562 | 9572 | 9582 |

| | ⊙ |

문제 이해하기 9562−9572−9582로

☐ 의 자리 수가 1씩 커지므로

☐ 씩 뛰어 센 것입니다.

➡ ⊙은 9582부터

☐ 씩 ☐ 번 뛰어 센 수

| 9582 | | |

답구하기 ☐

맛있는 빵을 잘라요

갓 구운 빵을 도마 위에 올렸어요. 모든 조각에 네 자리 수가 생기도록 빵을 잘라 보세요. 그리고 빵 조각에 쓰인 네 자리 수가 몇씩 늘어나고 있는지 빈 칸에 써 보세요.

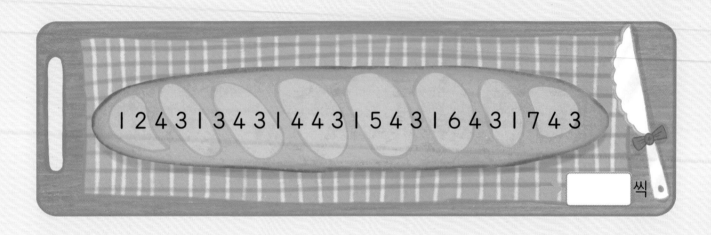

1243 1343 1443 1543 1643 1743

☐ 씩

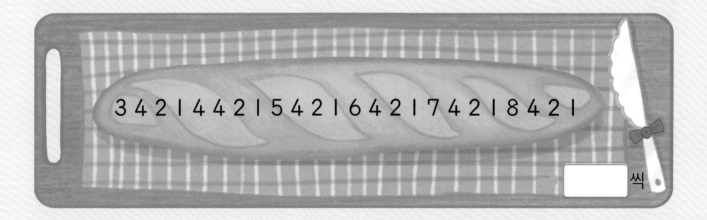

3421 4421 5421 6421 7421 8421

☐ 씩

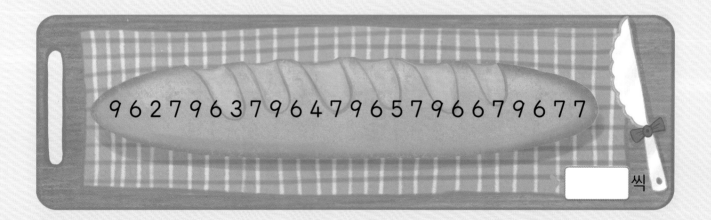

9627 9637 9647 9657 9667 9677

☐ 씩

뛰어 세기 ❷

1

수환이가 종이별을 1500개 접으려고 합니다. 오늘까지 1460개를 접었고 내일부터 하루에 10개씩 접는다면 1500개를 접는 데 며칠이 더 걸립니까?

문제 이해하기 종이별을 하루에 10개씩 접으므로

[   ]이 될 때까지 1460부터 [   ]씩 뛰어 세면

| 1460 | [   ] | [   ] | [   ] | [   ] |

→ [   ]번 뛰어 세었으므로 1500개를 접는 데 [   ]일이 더 걸립니다.

답구하기 [   ]일

2 로희가 9500원짜리 동화책을 사려고 합니다. 로희는 지금 3500원을 가지고 있고 심부름을 한 번 할 때마다 용돈을 1000원씩 받는다면 심부름을 몇 번 해야 동화책을 살 수 있습니까?

문제 이해하기

답구하기

33

3 어떤 수 ■보다 1000 큰 수는 6732입니다. 어떤 수 ■보다 10 큰 수는 얼마입니까?

문제 이해하기

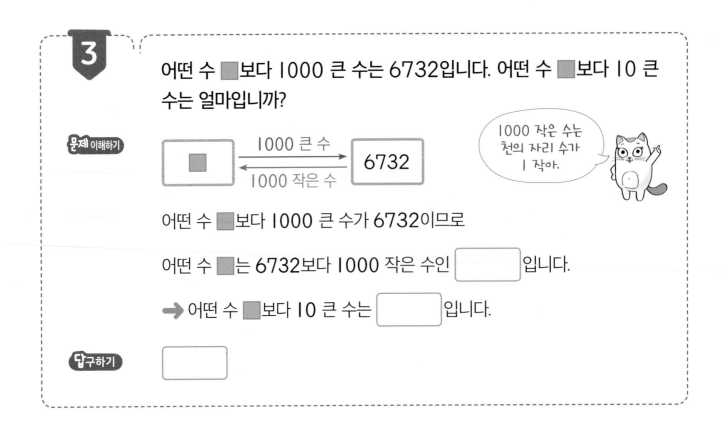

어떤 수 ■보다 1000 큰 수가 6732이므로

어떤 수 ■는 6732보다 1000 작은 수인 [   ]입니다.

➡ 어떤 수 ■보다 10 큰 수는 [   ]입니다.

답구하기

[   ]

---

4 어떤 수 ▲보다 100 작은 수가 2836입니다. 어떤 수 ▲보다 1000 작은 수는 얼마입니까?

문제 이해하기

답구하기

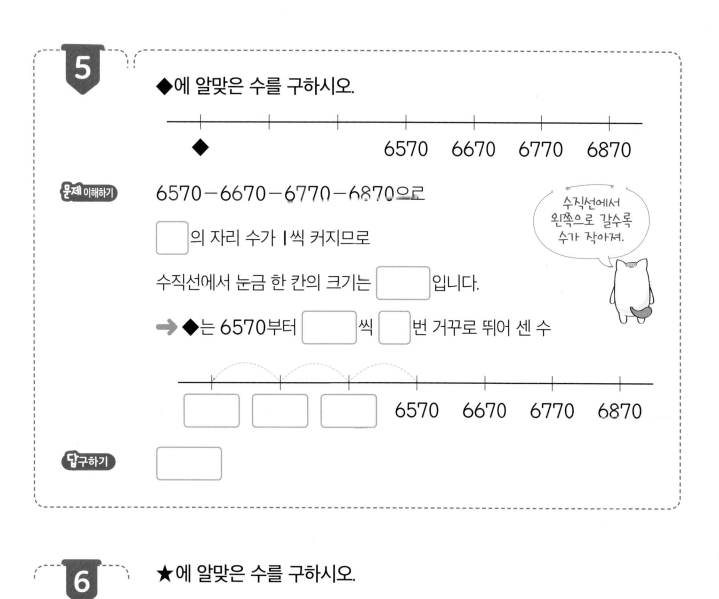

5 ◆에 알맞은 수를 구하시오.

```
┤────┼────┼────┼────┼────┼────┼────┼────
     ◆                   6570  6670  6770  6870
```

문제 이해하기

6570 - 6670 - 6770 - 6870으로

☐ 의 자리 수가 1씩 커지므로

수직선에서 눈금 한 칸의 크기는 ☐ 입니다.

➡ ◆는 6570부터 ☐ 씩 ☐ 번 거꾸로 뛰어 센 수

수직선에서 왼쪽으로 갈수록 수가 작아져.

```
┤────┼────┼────┼────┼────┼────┼────┼────
☐     ☐     ☐    6570  6670  6770  6870
```

답구하기 ☐

6 ★에 알맞은 수를 구하시오.

```
┤────┼────┼────┼────┼────┼────┼────
     ★                   5240  5250  5260
```

문제 이해하기

답구하기

 정답 확인 | 오늘 나의 실력은? | 부모님 확인

 😟 😊 😆

35

재미있는 수학 놀이터

아이스크림을 사요

윤서가 용돈으로 천 원짜리 세 장을 받았어요. 윤서가 고른 아이스크림을 모두 사면 용돈은 얼마가 남을까요? 거꾸로 뛰어 세며 알아보고, 빈칸에 써 보세요.

딸기콘
500원

녹차 빙수
400원

아이스 찹쌀떡
800원

초코바
1000원

초코바 하나랑 딸기콘 두 개, 그리고 녹차 빙수 하나를 사면 ☐ 원이 남네.

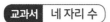

교과서 | 네 자리 수

수의 크기 비교하기 ❶

두 수의 크기를 비교할 때는 천, 백, 십, 일의 자리 수를 차례로 비교합니다.

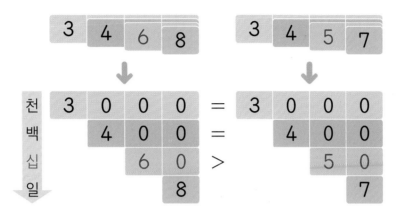

3468 > 3457

실력 확인하기

두 수의 크기를 비교하여 ○ 안에 > 또는 <를 알맞게 써넣으시오.

1 2624 ◯ 3720

2 1562 ◯ 1357

3 6892 ◯ 6896

4 4730 ◯ 4759

5 7871 ◯ 9971

6 1853 ◯ 1386

7 8235 ◯ 8452

8 9317 ◯ 9314

1

연두네 학교 학생은 2278명이고 수호네 학교 학생은 2319명입니다. 누구네 학교 학생이 더 많습니까?

문제 이해하기 □의 자리 수가 같으므로 □의 자리 수를 비교해 보면

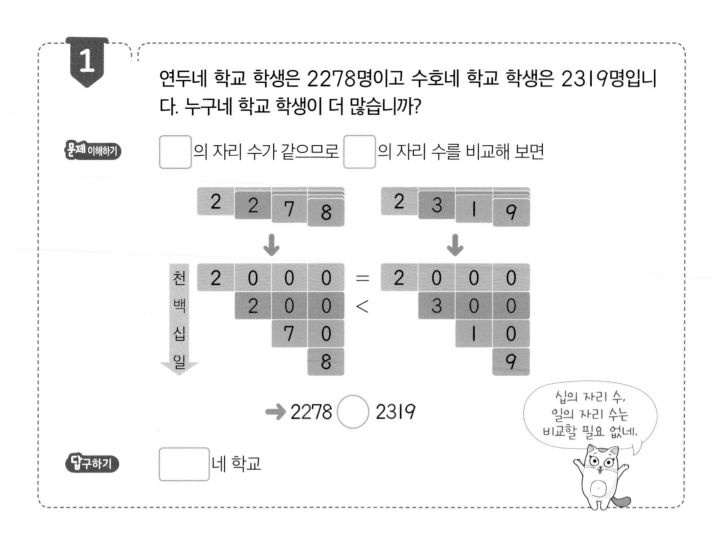

```
        2  2  7  8        2  3  1  9
            ↓                  ↓
천      2  0  0  0   =    2  0  0  0
백          2  0  0   <       3  0  0
십             7  0             1  0
일                8                9
```

→ 2278 ◯ 2319

> 십의 자리 수,
> 일의 자리 수는
> 비교할 필요 없네.

답구하기 □네 학교

2

양계장에서 달걀을 어제는 5871개 생산하고 오늘은 5850개 생산하였습니다. 어제와 오늘 중 달걀을 더 많이 생산한 날은 언제입니까?

문제 이해하기 천의 자리, □의 자리 수가 각각

같으므로 □의 자리 수를 비교해 보면

	천	백	십	일
어제	5	8	7	1
오늘	5	8	5	0

→ 5871 ◯ 5850

답구하기 □

3

주예의 동생은 태어난 지 1030일이 지났고, 은우의 동생은 태어난 지 1303일이 지났습니다. 누구의 동생이 더 먼저 태어났습니까?

문제 이해하기 □의 자리 수가 같으므로

□의 자리 수를 비교해 보면

	천	백	십	일
주예 동생	1	0	3	0
은우 동생	1	3	0	3

→ 1030 ◯ 1303

답구하기 □의 동생

4

다음 중 가격이 가장 싼 물건은 얼마입니까?

4700원 4250원 4900원

 문제 이해하기 세 수의 천의 자리 수가 같으므로 ☐ 의 자리 수를 비교하면

	천	백	십	일
	4	7	0	0
	4	2	5	0
	4	9	0	0

➡ 4250 ◯ 4700 ◯ 4900

가격을 나타내는 수가 작을수록 더 싸.

답구하기 ☐ 원

---

5 잎새 마을에 2803명, 이슬 마을에 2862명, 새싹 마을에 2836명이 살고 있습니다. 가장 많은 사람이 사는 마을을 쓰시오.

문제 이해하기 세 수의 천의 자리, 백의 자리 수가 각각 같으므로 ☐ 의 자리 수를 비교해 보면

	천	백	십	일
잎새	2	8	0	3
이슬	2	8	6	2
새싹	2	8	3	6

➡ 2803 ◯ 2836 ◯ 2862

답구하기 ☐ 마을

---

6 진아는 6150원, 희태는 5840원, 승원이는 6500원을 가지고 있습니다. 돈을 가장 많이 가지고 있는 사람은 누구입니까?

문제 이해하기 • 세 수의 천의 자리 수를 비교해 보면 6>5이므로 가장 작은 수는

☐

• 천의 자리 수가 같은 두 수의 백의 자리 수를 비교하면

➡ 6150 ◯ 6500

답구하기 ☐

 정답 확인   오늘 나의 실력은? | 부모님 확인

트리를 장식해요

이슬이가 트리를 장식하고 있네요. 두 개의 트리 장식 중 더 큰 수가 적힌 장식만 트리에 달 수 있어요. 완성된 트리에 ○표 하세요.

교과서 네 자리 수

수의 크기 비교하기 ❷

1 수 카드 4장을 한 번씩만 사용하여 만들 수 있는 가장 큰 네 자리 수를 구하시오.

| 7 | 4 | 0 | 3 |

문제 이해하기 수 카드의 수의 크기를 비교해 보면 7 > 4 > 3 > 0

➡ 큰 수부터 천, 백, 십, 일의 자리에 차례로 놓으면

천	백	십	일

같은 수도 높은 자리에 있을수록 나타내는 값이 커.

답구하기 ☐

2 수 카드 4장을 한 번씩만 사용하여 만들 수 있는 가장 작은 네 자리 수를 구하시오.

| 6 | 9 | 1 | 4 |

문제 이해하기

답구하기

41

3

1부터 9까지의 수 중 □ 안에 들어갈 수 있는 수를 모두 쓰시오.

$$□854 < 3510$$

문제 이해하기

- 두 수의 천의 지리 수를 비교해 보면

  □854 < 3510

  → □ 안에 3보다 (큰 , 작은) 수가 들어가야 합니다.

- 만약 두 수의 천의 자리 수가 3으로 같다면

  3854 ◯ 3510이 되므로

  → □ 안에 3은 들어갈 수 (있습니다 , 없습니다).

만약 천의 자리 수가 같다면
백의 자리 수를 비교해야 해.

답구하기

☐ , ☐

4

0부터 9까지의 수 중 □ 안에 들어갈 수 있는 수를 모두 쓰시오.

$$82□4 > 8262$$

문제 이해하기

답구하기

5 다음에서 설명하는 네 자리 수를 모두 구하시오.

> • 일의 자리 숫자는 5입니다.
> • 2920보다 크고 2941보다 작습니다.

 문제 이해하기

• 일의 자리 숫자는 5이므로 ➡ ☐☐☐☐

• 2920보다 크고 2941보다 작으므로

2920 < ☐☐☐☐ < 2941

➡ 십의 자리에 ☐ , ☐ 이 들어갈 수 있습니다.

 답 구하기 ☐ , ☐

6 다음에서 설명하는 네 자리 수를 모두 구하시오.

> • 십의 자리 숫자는 70을 나타냅니다.
> • 일의 자리 숫자는 2입니다.
> • 5519보다 크고 5736보다 작습니다.

 문제 이해하기

답 구하기

크기 비교 진공청소기

조건에 맞는 수만 빨아들이는 신기한 진공청소기예요. 두 대의 진공청소기가 빨아들일 수 있는 먼지를 선으로 잇고, 더 많은 먼지를 빨아들이는 청소기에 ○표 하세요.

단원 마무리

01 색종이가 한 상자에 100장씩 2상자 있습니다. 색종이가 1000장이 되려면 몇 장 더 있어야 합니까?

02 준하는 과자를 사고 1000원짜리 지폐 2장, 100원짜리 동전 4개, 10원짜리 동전 5개를 냈습니다. 준하가 산 과자는 얼마입니까?

03 이번 주 토요일에 미술관에 입장한 사람은 2756명이고, 일요일에 입장한 사람은 2591명입니다. 토요일과 일요일 중 미술관에 입장한 사람이 더 많은 날은 무슨 요일입니까?

04 숫자 7이 나타내는 값이 가장 큰 수를 고르시오.

| 7524 | 9167 | 2738 |

05 사탕이 한 봉지에 100개씩 들어 있습니다. 50봉지에 들어 있는 사탕을 모두 꺼내서 한 바구니에 1000개씩 담으려면 바구니는 몇 개 필요합니까?

06 다음 수를 구하시오.

1000이 5개, 100이 12개, 10이 17개, 1이 4개인 수

07 윤수가 다음과 같이 뛰어 세었습니다. 같은 방법으로 4813부터 4번 뛰어 세면 얼마가 됩니까?

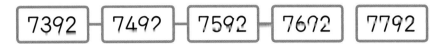

08 어떤 수 ●보다 10 큰 수는 9425입니다. 어떤 수 ●보다 100 큰 수는 얼마입니까?

09 수 카드 4장을 각각 한 번씩만 사용하여 가장 큰 네 자리 수와 가장 작은 네 자리 수를 만들어 보시오.

$$\boxed{2}\ \boxed{1}\ \boxed{9}\ \boxed{5}$$

10 □ 안에 들어갈 수 있는 수 중 가장 큰 수를 구하시오.

$$3\square45 < 3509$$

오늘 나의 실력은?   부모님 확인

곱셈구구

이렇게 배우고 있어요!

학습 계획 세우기

공부할 내용에 대한 계획을 세우고,
학습해 보아요!

		학습 계획일	
3주 1일	2, 5단 곱셈구구 ❶	월	일
3주 2일	2, 5단 곱셈구구 ❷	월	일
3주 3일	3, 6단 곱셈구구 ❶	월	일
3주 4일	3, 6단 곱셈구구 ❷	월	일
3주 5일	4, 8단 곱셈구구 ❶	월	일
4주 1일	4, 8단 곱셈구구 ❷	월	일
4주 2일	7, 9단 곱셈구구 ❶	월	일
4주 3일	7, 9단 곱셈구구 ❷	월	일
4주 4일	2~9단 곱셈구구 ❶	월	일
4주 5일	2~9단 곱셈구구 ❷	월	일
5주 1일	1단 곱셈구구와 0의 곱 ❶	월	일
5주 2일	1단 곱셈구구와 0의 곱 ❷	월	일
5주 3일	곱셈표	월	일
5주 4일	단원 마무리	월	일

교과서 곱셈구구

2, 5단 곱셈구구 ❶

- 2단 곱셈구구에서 곱하는 수가 1씩 커지면 곱이 2씩 커집니다.
- 5단 곱셈구구에서 곱하는 수가 1씩 커지면 곱이 5씩 커집니다.

×	1	2	3	4	5	6	7	8	9
2	2	4	6	8	10	12	14	16	18
5	5	10	15	20	25	30	35	40	45

실력 확인하기

다음을 계산해 보시오.

1 $2 \times 4 = \boxed{}$

2 $2 \times 5 = \boxed{}$

3 $2 \times 7 = \boxed{}$

4 $2 \times 8 = \boxed{}$

5 $5 \times 1 = \boxed{}$

6 $5 \times 3 = \boxed{}$

7 $5 \times 6 = \boxed{}$

8 $5 \times 9 = \boxed{}$

1 한 접시에 찐빵이 2개씩 담겨 있습니다. 접시 5개에 담긴 찐빵은 모두 몇 개입니까?

문제 이해하기

• 접시가 1개씩 늘어날수록 찐빵은 ☐개씩 많아집니다.

• 찐빵의 수: ☐씩 ☐묶음

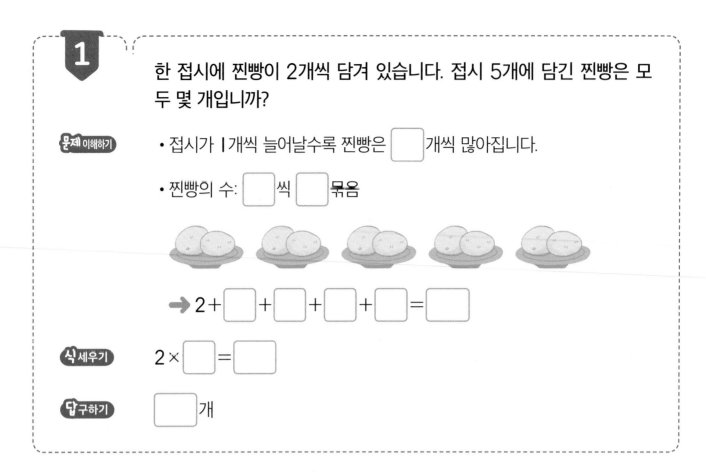

→ 2+☐+☐+☐+☐=☐

식 세우기   2×☐=☐

답 구하기   ☐개

---

2 어항 한 개에 금붕어가 5마리씩 있습니다. 어항 3개에 있는 금붕어는 모두 몇 마리입니까?

문제 이해하기   • 어항이 1개씩 늘어날수록

금붕어는 ☐마리씩 많아집니다.

• 금붕어의 수: ☐씩 ☐묶음

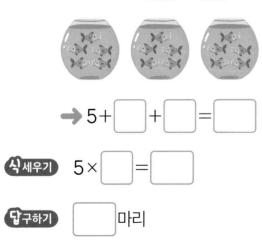

→ 5+☐+☐=☐

식 세우기   5×☐=☐

답 구하기   ☐마리

---

3 손수건을 한 상자에 2장씩 담았습니다. 4상자에 담은 손수건은 모두 몇 장입니까?

문제 이해하기   • 상자가 1개씩 늘어날수록

손수건은 ☐장씩 많아집니다.

• 손수건의 수: ☐씩 ☐묶음

→ 2+☐+☐+☐=☐

식 세우기   2×☐=☐

답 구하기   ☐장

4

막대 한 개의 길이는 5 cm입니다. 막대 5개의 길이는 몇 cm입니까?

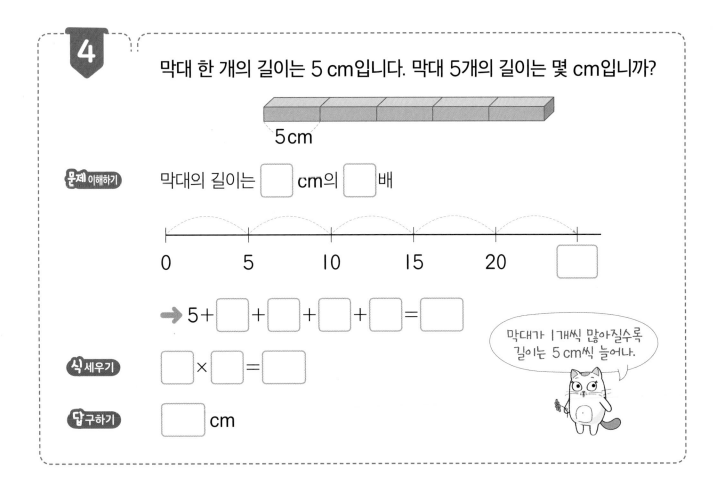

문제 이해하기   막대의 길이는 ⬜ cm의 ⬜ 배

→ 5+⬜+⬜+⬜+⬜=⬜

식 세우기   ⬜ × ⬜ = ⬜

답 구하기   ⬜ cm

> 막대가 1개씩 많아질수록
> 길이는 5 cm씩 늘어나.

5 길이가 2 cm인 종이띠 3장을 겹치지 않게 이어 붙였습니다. 이어 붙인 종이띠의 전체 길이는 몇 cm입니까?

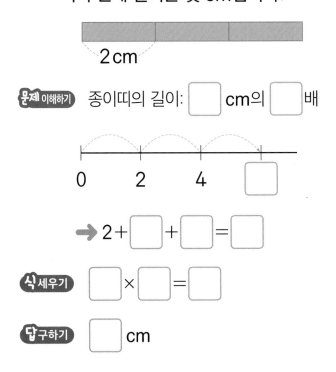

문제 이해하기   종이띠의 길이: ⬜ cm의 ⬜ 배

→ 2+⬜+⬜=⬜

식 세우기   ⬜ × ⬜ = ⬜

답 구하기   ⬜ cm

6 한 번에 5 cm씩 뛰는 개구리가 4번 뛴 거리는 모두 몇 cm입니까?

문제 이해하기   개구리가 뛴 거리:

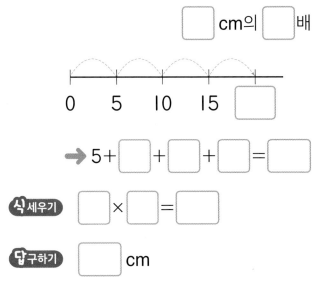

⬜ cm의 ⬜ 배

→ 5+⬜+⬜+⬜=⬜

식 세우기   ⬜ × ⬜ = ⬜

답 구하기   ⬜ cm

정답 확인   오늘 나의 실력은?   부모님 확인

별자리를 만들어요

반짝반짝 예쁜 별이 떴어요. 꼬리가 달린 별이 마지막에 오도록 별을 3개씩 선으로 연결해서 곱셈식 별자리를 그려 보세요. 또, 별자리를 모두 완성하고 남는 별에 ○표 하세요.

교과서 곱셈구구

2, 5단 곱셈구구 ❷

1

5×4를 나타내는 그림으로 옳지 <u>않은</u> 것을 골라 기호를 쓰시오.

| ㉠ | ㉡ | ㉢ |

문제 이해하기

그림을 각각 곱셈식으로 나타내 보면

㉠ 구슬이 5개씩 ☐ 묶음입니다. ➡ 5× ☐

㉡ 연결큐브가 5개씩 ☐ 묶음입니다. ➡ 5× ☐

㉢ 모눈이 5칸씩 ☐ 줄입니다. ➡ 5× ☐

■씩 ▲묶음은 ■×▲
로 나타낼 수 있어.

답 구하기 ☐

2

2×5를 나타내는 그림으로 옳지 <u>않은</u> 것을 골라 기호를 쓰시오.

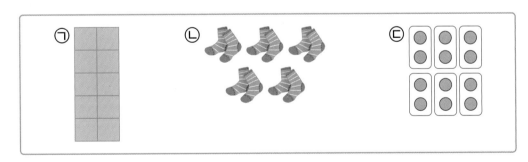

문제 이해하기

답 구하기

3

2단 곱셈구구의 곱을 모두 찾아 쓰시오.

| 9 | 14 | 15 | 8 | 18 |

문제 이해하기

• 2단 곱셈구구에서 곱하는 수가 1씩 커지면 곱은 ☐ 씩 커집니다.

• 2단 곱셈구구를 떠올려 보면

×	1	2	3	4	5	6	7	8	9
2	2	☐	☐	☐	☐	☐	☐	☐	☐

+2 +2 +2 +2 +2 +2 +2 +2

2단 곱셈구구의 곱은 짝수야.

답 구하기 ☐ , ☐ , ☐

4

5단 곱셈구구의 곱을 모두 찾아 쓰시오.

| 14 | 10 | 25 | 36 | 40 |

답 구하기

56

5

□ 안에 알맞은 수를 구하시오.

2×7은 2×4보다 □만큼 더 큽니다.

문제 이해하기

• 2×4와 2×7을 그림으로 나타내어 비교해 보면

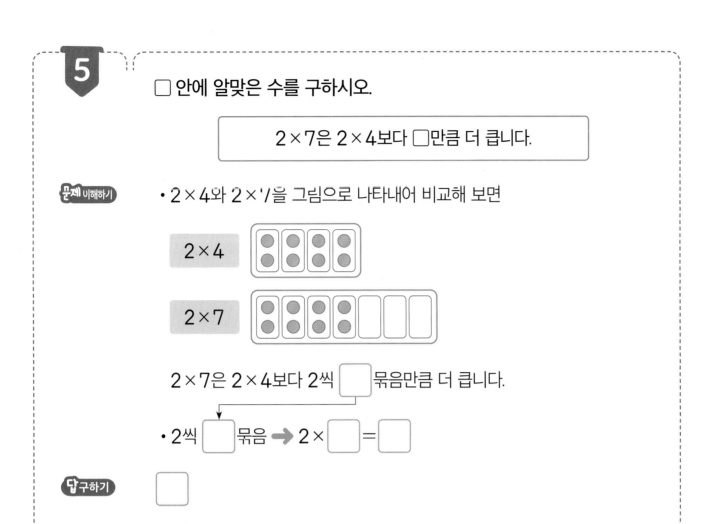

2×7은 2×4보다 2씩 [ ]묶음만큼 더 큽니다.

• 2씩 [ ]묶음 ➡ 2×[ ]=[ ]

답 구하기

[ ]

6

□ 안에 알맞은 수를 구하시오.

5×5는 5×3보다 □만큼 더 큽니다.

문제 이해하기

답 구하기

곱셈 엘리베이터

버튼을 두 개 누르면 두 수의 곱이 되는 층으로 이동하는 엘리베이터예요. 엘리베이터 문 위에 가려고 하는 층이 써 있어요. 그런데 버튼이 하나씩만 눌려 있네요. 나머지 하나의 버튼에 ○표 해서 엘리베이터를 타 볼까요?

교과서 곱셈구구

3, 6단 곱셈구구 ❶

- 3단 곱셈구구에서 곱하는 수가 1씩 커지면 곱이 3씩 커집니다.
- 6단 곱셈구구에서 곱하는 수가 1씩 커지면 곱이 6씩 커집니다.

×	1	2	3	4	5	6	7	8	9
3	3	6	9	12	15	18	21	24	27
6	6	12	18	24	30	36	42	48	54

실력 확인하기

다음을 계산해 보시오.

1 $3 \times 2 =$ ☐

2 $3 \times 5 =$ ☐

3 $3 \times 7 =$ ☐

4 $3 \times 9 =$ ☐

5 $6 \times 3 =$ ☐

6 $6 \times 4 =$ ☐

7 $6 \times 6 =$ ☐

8 $6 \times 8 =$ ☐

1 사과가 한 봉지에 3개씩 들어 있습니다. 7봉지에 들어 있는 사과는 모두 몇 개입니까?

문제 이해하기

· 봉지가 1개씩 늘어날수록 사과는 ☐개씩 많아집니다.

· 사과의 수: ☐씩 ☐묶음

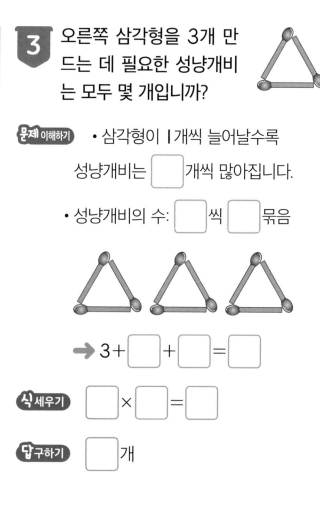

→ 3+☐+☐+☐+☐+☐+☐=☐

식 세우기 ☐×☐=☐

답 구하기 ☐개

---

2 콩깍지 하나에 완두콩이 6개씩 들어 있습니다. 콩깍지 3개에 든 완두콩은 모두 몇 개입니까?

문제 이해하기
· 콩깍지가 1개씩 늘어날수록
완두콩은 ☐개씩 많아집니다.

· 완두콩의 수: ☐씩 ☐묶음

→ 6+☐+☐=☐

식 세우기 ☐×☐=☐

답 구하기 ☐개

---

3 오른쪽 삼각형을 3개 만드는 데 필요한 성냥개비는 모두 몇 개입니까?

문제 이해하기
· 삼각형이 1개씩 늘어날수록
성냥개비는 ☐개씩 많아집니다.

· 성냥개비의 수: ☐씩 ☐묶음

→ 3+☐+☐=☐

식 세우기 ☐×☐=☐

답 구하기 ☐개

4

같은 색 구슬을 3개씩 꿰었습니다. 6가지 색 구슬을 꿰었을 때 구슬은 모두 몇 개입니까?

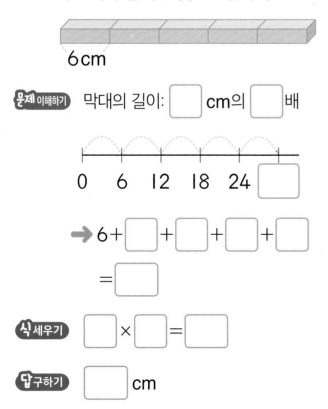

문제 이해하기 구슬의 수: ☐의 ☐배

```
0   3   6   9   12  15  ☐
```

➡ 3+☐+☐+☐+☐+☐=☐

식 세우기 ☐ × ☐ = ☐

답 구하기 ☐ 개

> 색이 한 가지씩 늘어날수록 구슬이 3개씩 많아져.

---

5 막대 한 개의 길이는 6 cm입니다. 막대 5개의 길이는 몇 cm입니까?

6cm

문제 이해하기 막대의 길이: ☐ cm의 ☐배

```
0   6   12  18  24  ☐
```

➡ 6+☐+☐+☐+☐
= ☐

식 세우기 ☐ × ☐ = ☐

답 구하기 ☐ cm

---

6 길이가 3 cm인 못으로 연필의 길이를 재려면 4번 재야 합니다. 연필의 길이는 몇 cm입니까?

문제 이해하기 연필의 길이: ☐ cm의 ☐배

```
0   3   6   9   ☐
```

➡ 3+☐+☐+☐=☐

식 세우기 ☐ × ☐ = ☐

답 구하기 ☐ cm

어느 기차를 탈까요

승객들이 기차를 기다려요. 기차표에 적힌 숫자가 3단 곱셈구구의 곱이면 3단 열차에, 6단 곱셈구구의 곱이면 6단 열차에 타야 해요. 양쪽 열차에 둘 다 탈 수 있는 사람을 모두 찾아 ○표 하세요.

3, 6단 곱셈구구 ❷

1 방울토마토가 모두 몇 개인지 곱셈식으로 나타내어 보시오.

$$3 \times \boxed{} = \boxed{} \qquad 6 \times \boxed{} = \boxed{}$$

 문제 이해하기

• 방울토마토를 3개씩 묶어 보면

➡ 3씩 6묶음이므로

$$3 \times \boxed{} = \boxed{}$$

• 방울토마토를 6개씩 묶어 보면

➡ 6씩 3묶음이므로

$$6 \times \boxed{} = \boxed{}$$

 답 구하기

$$3 \times \boxed{} = \boxed{} , \ 6 \times \boxed{} = \boxed{}$$

2 귤이 모두 몇 개인지 곱셈식으로 나타내어 보시오.

$$3 \times \boxed{} = \boxed{} \qquad 6 \times \boxed{} = \boxed{}$$

문제 이해하기

 답 구하기

3 모눈의 수가 가장 많은 것부터 차례로 기호를 쓰시오.

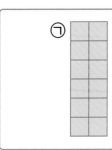 ㉠  ㉡ 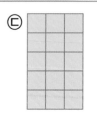 ㉢

문제 이해하기 모눈의 수를 곱셈식으로 나타내 보면

㉠ 2씩 □ 줄 ➡ 2 × □ = □

㉡ 6씩 □ 줄 ➡ 6 × □ = □

㉢ 3씩 □ 줄 ➡ 3 × □ = □

답 구하기 □ , □ , □

4 모눈의 수가 가장 많은 것부터 차례로 기호를 쓰시오.

㉠ 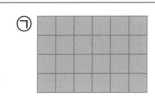 ㉡ 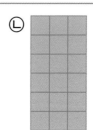 ㉢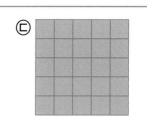

문제 이해하기

답 구하기

5

6×4를 계산하는 방법입니다. ㉠, ㉡에 알맞은 수를 구하시오.

6×3과 6×㉠을 더합니다.	6×2와 6×㉡을 더합니다.

문제 이해하기

6×4 ⟦ 6×3 / $6 \times \square$ ⟧ → 6×4는 6×3과 6×□의 합

6×4 ⟦ 6×2 / $6 \times \square$ ⟧ → 6×4는 6×2와 6×□의 합

답 구하기 ㉠=□ , ㉡=□

6

3×7을 계산하는 방법입니다. ㉠, ㉡에 알맞은 수를 구하시오.

3×4와 3×㉠을 더합니다.	3×5와 3×㉡을 더합니다.

문제 이해하기

답 구하기

정답 확인 오늘 나의 실력은? 부모님 확인

빙글빙글 회전 초밥

회전 초밥 가게에 왔어요. 접시 색깔마다 담겨 있는 초밥 수가 다르네요. 친구들이 먹은 초밥은 몇 개일까요? 쌓여 있는 접시를 보고 빈칸에 써 보세요.

66

교과서 곱셈구구

4, 8단 곱셈구구 ❶

- 4단 곱셈구구에서 곱하는 수가 1씩 커지면 곱이 4씩 커집니다.
- 8단 곱셈구구에서 곱하는 수가 1씩 커지면 곱이 8씩 커집니디.

×	1	2	3	4	5	6	7	8	9
4	4	8	12	16	20	24	28	32	36
8	8	16	24	32	40	48	56	64	72

실력 확인하기

다음을 계산해 보시오.

1 $4 \times 2 =$ ☐

2 $4 \times 4 =$ ☐

3 $4 \times 5 =$ ☐

4 $4 \times 7 =$ ☐

5 $8 \times 3 =$ ☐

6 $8 \times 5 =$ ☐

7 $8 \times 8 =$ ☐

8 $8 \times 9 =$ ☐

1 자동차 한 대에 바퀴가 4개씩 있습니다. 자동차 7대에는 바퀴가 모두 몇 개 있습니까?

문제 이해하기

• 자동차가 1대씩 늘어날수록 바퀴는 ☐ 개씩 많아집니다.

• 바퀴의 수: ☐ 씩 ☐ 묶음

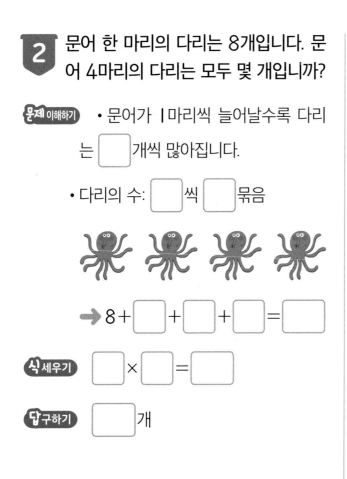

➡ 4 + ☐ + ☐ + ☐ + ☐ + ☐ + ☐ = ☐

식 세우기   ☐ × ☐ = ☐

답 구하기   ☐ 개

---

2 문어 한 마리의 다리는 8개입니다. 문어 4마리의 다리는 모두 몇 개입니까?

문제 이해하기

• 문어가 1마리씩 늘어날수록 다리는 ☐ 개씩 많아집니다.

• 다리의 수: ☐ 씩 ☐ 묶음

➡ 8 + ☐ + ☐ + ☐ = ☐

식 세우기   ☐ × ☐ = ☐

답 구하기   ☐ 개

---

3 네 잎 클로버 5개의 잎은 모두 몇 장입니까?

문제 이해하기

• 네 잎 클로버가 1개씩 늘어날수록 잎은 ☐ 장씩 많아집니다.

• 잎의 수: ☐ 씩 ☐ 묶음

➡ 4 + ☐ + ☐ + ☐ + ☐ = ☐

식 세우기   ☐ × ☐ = ☐

답 구하기   ☐ 장

4

길이가 8 cm인 색 테이프 6장을 겹치지 않게 이어 붙였습니다. 이어 붙인 색 테이프의 전체 길이는 몇 cm입니까?

8 cm

문제 이해하기 색 테이프의 길이: ☐ cm의 ☐ 배

0 8 16 24 32 40 ☐

→ 8+☐+☐+☐+☐+☐=☐

식 세우기 ☐ × ☐ = ☐

답 구하기 ☐ cm

> 색 테이프를 1장씩 더 이어 붙일수록 길이가 8 cm씩 늘어나.

---

5 연결큐브는 모두 몇 개입니까?

문제 이해하기
• 같은 색깔의 연결큐브가 ☐ 개씩
  ☐ 가지입니다.

• 연결큐브의 수: ☐ 의 ☐ 배

0 4 8 12 ☐

→ 4+☐+☐+☐=☐

식 세우기 ☐ × ☐ = ☐

답 구하기 ☐ 개

---

6 케이블카 한 대에 사람이 8명씩 타고 있습니다. 케이블카 3대에 탄 사람은 모두 몇 명입니까?

문제 이해하기
• 케이블카가 1대씩 늘어날수록
  탄 사람은 ☐ 명씩 많아집니다.

• 탄 사람의 수: ☐ 의 ☐ 배

0 8 16 ☐

→ 8+☐+☐=☐

식 세우기 ☐ × ☐ = ☐

답 구하기 ☐ 명

정답 확인 오늘 나의 실력은? 부모님 확인

69

네모 나라에 온 바둑돌

무엇이든지 네모 모양으로 만드는 네모 나라에 바둑알 손님들이 놀러 왔어요. 바둑알을 네모 모양으로 놓아서 모두 몇 알인지 세어 볼까요? 바둑판 옆에 적힌 식을 보면 힌트를 얻을 수 있어요.

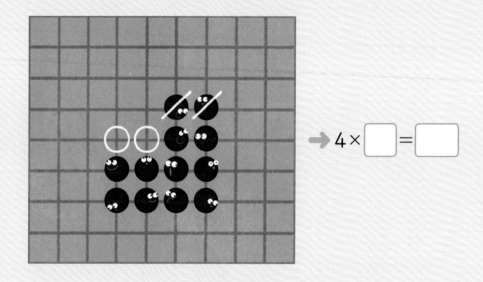

→ $4 \times \boxed{} = \boxed{}$

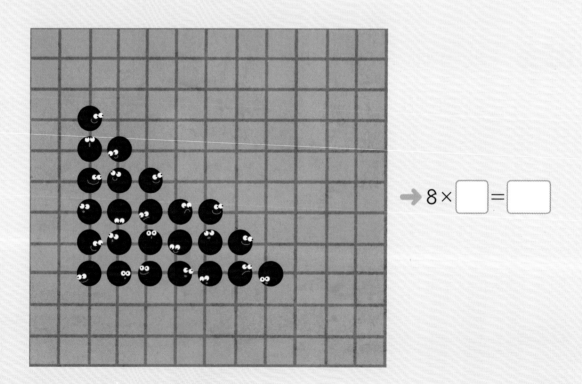

→ $8 \times \boxed{} = \boxed{}$

교과서 곱셈구구

4, 8단 곱셈구구 ❷

공부한 날
월
일

1 모눈이 모두 몇 칸인지 곱셈식으로 나타내어 보시오.

$4 \times \boxed{} = \boxed{}$ $8 \times \boxed{} = \boxed{}$

문제 이해하기 4칸씩, 8칸씩 뛰어 세어 보면

4씩 $\boxed{}$번 ➡ $4 \times \boxed{} = \boxed{}$

8씩 $\boxed{}$번 ➡ $8 \times \boxed{} = \boxed{}$

답 구하기 $4 \times \boxed{} = \boxed{}$, $8 \times \boxed{} = \boxed{}$

2 모눈이 모두 몇 칸인지 곱셈식으로 나타내어 보시오.

$4 \times \boxed{} = \boxed{}$ $8 \times \boxed{} = \boxed{}$

문제 이해하기

답 구하기

공깃돌이 모두 몇 개인지 여러 가지 곱셈식으로 나타내어 보시오.

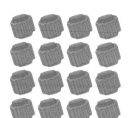

$2 \times \boxed{} = \boxed{}$

$8 \times \boxed{} = \boxed{}$

$4 \times \boxed{} = \boxed{}$

문제 이해하기

공깃돌을 2개씩, 8개씩, 4개씩 묶어 보면

2씩 $\boxed{}$ 묶음 　　8씩 $\boxed{}$ 묶음 　　4씩 $\boxed{}$ 묶음

답구하기

$2 \times \boxed{} = \boxed{}$, $8 \times \boxed{} = \boxed{}$, $4 \times \boxed{} = \boxed{}$

빵이 모두 몇 개인지 여러 가지 곱셈식으로 나타내어 보시오.

$3 \times \boxed{} = \boxed{}$

$4 \times \boxed{} = \boxed{}$

$6 \times \boxed{} = \boxed{}$

$8 \times \boxed{} = \boxed{}$

문제 이해하기

답구하기

72

연결큐브가 모두 몇 개인지 구할 수 있는 방법을 찾아 기호를 쓰시오.

┌─────────────────────────────┐
│ ㉠ 4를 4번 더합니다.   │
│ ㉡ 4×4에 4를 더합니다.   │
│ ㉢ 4×2를 두 번 더합니다.   │
└─────────────────────────────┘

 문제 이해하기

• 연결큐브의 수: 4씩 ☐ 묶음 ➡ 4 × ☐

• 각 방법을 곱셈식으로 나타내 보면

㉠ 4를 4번 더합니다. ➡ 4+4+4+4 = 4 × ☐

㉡ 4×4에 4를 더합니다. ➡ 4 × ☐

㉢ 4×2를 두 번 더합니다. ➡ 4 × ☐

 답 구하기 ☐

---

6 쿠키가 모두 몇 개인지 구할 수 있는 방법을 찾아 기호를 쓰시오.

┌─────────────────────────────┐
│ ㉠ 8을 5번 더합니다.   │
│ ㉡ 8×2에 8을 더합니다.   │
│ ㉢ 8×2를 두 번 더합니다.   │
└─────────────────────────────┘

 문제 이해하기

답 구하기

해, 달, 별 곱셈구구

달 탐사 로봇 해달별55호의 메시지가 지구에 도착했어요. 해, 달, 별이 담긴 곱셈식과 덧셈식이네요. 해달별55호가 보낸 메시지를 해석해서 빈칸에 써 보세요.

$$\square \times \square = 25$$

$$\square + \square = ☀$$

$$\triangle \times \triangle = 64$$

$$\triangle + \triangle = ☾$$

$$\bigcirc \times \bigcirc = 16$$

$$☆ \times ☆ = \bigcirc$$

$$☀ \ ☾ \ ☆ = \square\ \square\ \square$$

1	2	3	4	5	6	7	8	9	10
유	워	돌	로	자	와	장	파	고	그

11	12	13	14	15	16	17	18	19	20
아	가	배	오	이	리	나	바	같	외

교과서 곱셈구구

7, 9단 곱셈구구 ❶

- 7단 곱셈구구에서 곱하는 수가 1씩 커지면 곱이 7씩 커집니다.
- 9단 곱셈구구에서 곱하는 수기 1씩 커지면 곱이 9씩 커집니다.

×	1	2	3	4	5	6	7	8	9
7	7	14	21	28	35	42	49	56	63
9	9	18	27	36	45	54	63	72	81

**실력
확인하기**

다음을 계산해 보시오.

1 7×3=☐

2 7×5=☐

3 7×6=☐

4 7×9=☐

5 9×2=☐

6 9×4=☐

7 9×6=☐

8 9×8=☐

1 색연필이 한 통에 7자루씩 들어 있습니다. 6통에 들어 있는 색연필은 모두 몇 자루입니까?

문제 이해하기
- 통이 1개씩 늘어날수록 색연필은 ☐ 자루씩 많아집니다.
- 색연필의 수: ☐씩 ☐묶음

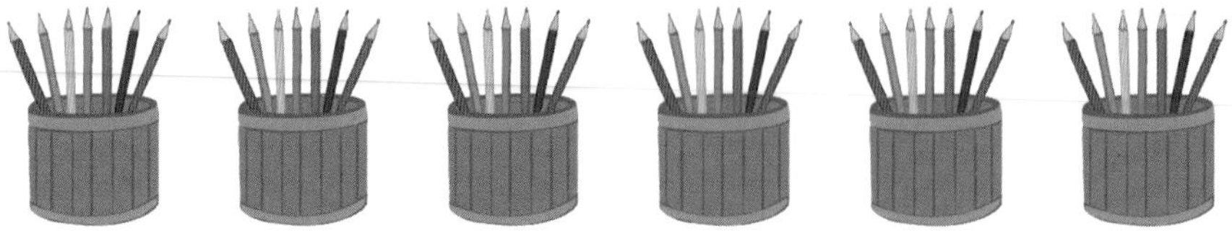

→ $7 + ☐ + ☐ + ☐ + ☐ + ☐ = ☐$

식 세우기 ☐ × ☐ = ☐

답 구하기 ☐ 자루

---

2 팔찌 하나에 구슬이 9개씩 있습니다. 팔찌 2개에는 구슬이 모두 몇 개 있습니까?

문제 이해하기
- 팔찌가 1개씩 늘어날수록 구슬은 ☐ 개씩 많아집니다.
- 구슬의 수: ☐씩 ☐묶음

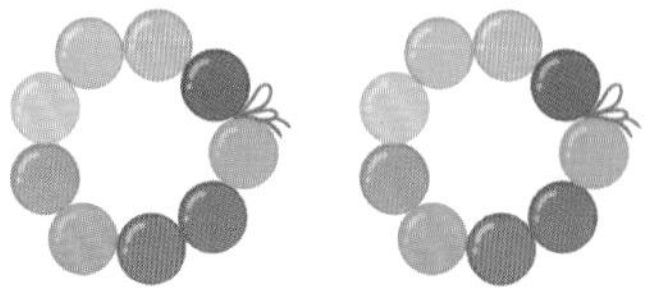

→ $9 + ☐ = ☐$

식 세우기 ☐ × ☐ = ☐

답 구하기 ☐ 개

---

3 꽃병 하나에 꽃이 7송이씩 꽂혀 있습니다. 꽃병 5개에 꽂혀 있는 꽃은 모두 몇 송이입니까?

문제 이해하기
- 꽃병이 1개씩 늘어날수록 꽃은 ☐ 송이씩 많아집니다.
- 꽃의 수: ☐씩 ☐묶음

→ $7 + ☐ + ☐ + ☐ + ☐$
  $= ☐$

식 세우기 ☐ × ☐ = ☐

답 구하기 ☐ 송이

4

한 번에 9 cm씩 뛰는 개구리가 5번 뛴 거리는 모두 몇 cm입니까?

문제 이해하기

• 개구리가 한 번 뛸 때마다 거리가 ☐ cm씩 늘어납니다.

• 개구리가 뛴 거리: ☐ cm의 ☐ 배

0   9   18   27   36   ☐

→ 9+☐+☐+☐+☐=☐

식 세우기   ☐ × ☐ = ☐

답 구하기   ☐ cm

5

길이가 7 cm인 색 테이프 4장을 겹치지 않게 이어 붙였습니다. 이어 붙인 색 테이프의 전체 길이는 몇 cm입니까?

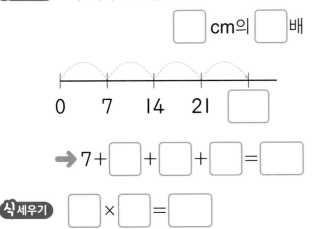

7 cm

문제 이해하기   색 테이프의 길이:

☐ cm의 ☐ 배

0   7   14   21   ☐

→ 7+☐+☐+☐=☐

식 세우기   ☐ × ☐ = ☐

답 구하기   ☐ cm

6

타일을 다음과 같이 3줄로 붙였습니다. 붙인 타일은 모두 몇 장입니까?

문제 이해하기   타일의 수: ☐ 의 ☐ 배

0   9   18   ☐

→ 9+☐+☐=☐

식 세우기   ☐ × ☐ = ☐

답 구하기   ☐ 장

재미있는 수학 놀이터

요정의 암호

민지는 숲에서 떨고 있는 요정을 집으로 데려와 돌봐 주었어요. 요정이 다음 날 암호가 적힌 쪽지를 남기고 떠났네요. 암호를 풀어서 요정의 선물을 찾아 보세요.

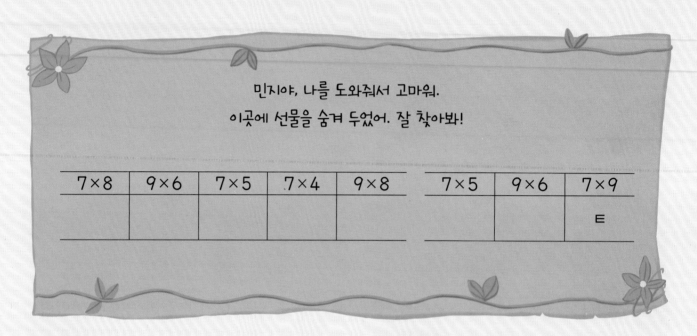

민지야, 나를 도와줘서 고마워.

이곳에 선물을 숨겨 두었어. 잘 찾아봐!

7×8	9×6	7×5	7×4	9×8		7×5	9×6	7×9
								ㅌ

선물은 그곳에 있구나!

14	18	21	27	28	35	36
ㄱ	ㅏ	ㄴ	ㅓ	ㄷ	ㅁ	ㅗ
42	45	49	54	56	63	72
ㅈ	ㅜ	ㅇ	ㅣ	ㅊ	ㅌ	ㅐ

교과서 곱셈구구

7, 9단 곱셈구구 ❷

1

7단 곱셈구구의 곱을 모두 찾아 쓰시오.

| 49 | 56 | 21 | 64 | 27 |

문제 이해하기

• 7단 곱셈구구에서 곱하는 수가 1씩 커지면 곱은 ☐ 씩 커집니다.

• 7단 곱셈구구를 떠올려 보면

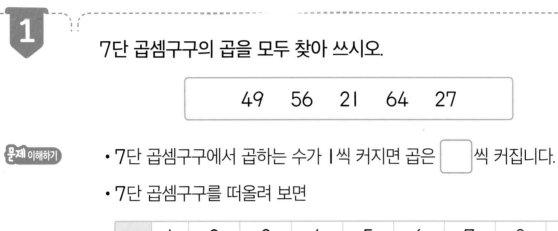

×	1	2	3	4	5	6	7	8	9
7	7								

+7 +7 +7 +7 +7 +7 +7 +7

답구하기   ☐ , ☐ , ☐

2

9단 곱셈구구의 곱을 모두 찾아 쓰시오.

| 35 | 45 | 28 | 81 | 63 |

문제 이해하기

답구하기

3

도토리가 모두 몇 개인지 여러 가지 곱셈식으로 나타내어 보시오.

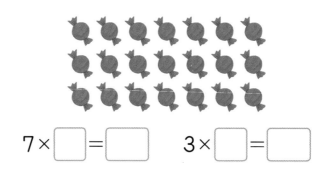

$9 \times \boxed{} = \boxed{}$　　$4 \times \boxed{} = \boxed{}$

 문제 이해하기

도토리를 9개씩, 4개씩 묶어 보면

➡ 9씩 $\boxed{}$ 묶음

➡ 4씩 $\boxed{}$ 묶음

곱하는 두 수의
순서를 서로 바꾸어도
곱은 같아.

 답 구하기

$9 \times \boxed{} = \boxed{}$, $4 \times \boxed{} = \boxed{}$

4

알사탕이 모두 몇 개인지 여러 가지 곱셈식으로 나타내어 보시오.

$7 \times \boxed{} = \boxed{}$　　$3 \times \boxed{} = \boxed{}$

문제 이해하기

 답 구하기

5

나뭇잎이 모두 몇 장인지 알아보려고 합니다. 알맞은 방법을 말한 사람은 누구입니까?

나는 7을 7번 더할 거야.

아인

7×5에 7을 더할래.

혜수

 문제 이해하기

• 나뭇잎의 수: 7씩 ☐ 묶음 ➡ 7 × ☐

• 두 사람이 말한 방법을 곱셈식으로 나타내 보면

아인: 7을 7번 더합니다. ➡ $7+7+7+7+7+7+7=7×$ ☐

혜수: 7×5에 7을 더합니다. ➡ $7×$ ☐

 답 구하기 ☐

6

초콜릿이 모두 몇 개인지 알아보려고 합니다. 알맞은 방법을 말한 사람은 누구입니까?

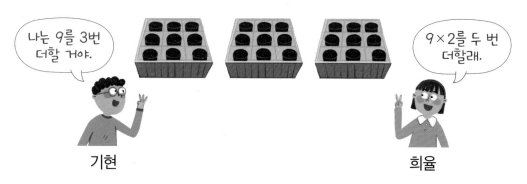

나는 9를 3번 더할 거야.

기현

9×2를 두 번 더할래.

희율

문제 이해하기

 답 구하기

정답
확인 오늘 나의 실력은? | 부모님 확인

재미있는 수학 놀이터

산을 넘어 볼까요

늑대와 호랑이가 사는 산을 넘어야 해요. 어머니는 떡 80개를 들고 산을 넘을 거예요. 어머니가 산을 넘으면 떡이 남을까요, 모자랄까요? 어머니의 말풍선을 완성해 주세요.

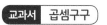
2~9단 곱셈구구 ❶

- ■단 곱셈구구에서 곱하는 수가 1씩 커지면 곱은 ■씩 커집니다.
- 몇 개씩 묶는지에 따라 같은 수를 여러 가지 곱셈식으로 나타낼 수 있습니다.

실력 확인하기

구슬의 수를 여러 가지 곱셈식으로 나타내어 보시오.

1

$2 \times \boxed{} = \boxed{}$

$3 \times \boxed{} = \boxed{}$

$4 \times \boxed{} = \boxed{}$

$6 \times \boxed{} = \boxed{}$

2

$2 \times \boxed{} = \boxed{}$

$4 \times \boxed{} = \boxed{}$

$8 \times \boxed{} = \boxed{}$

3

$2 \times \boxed{} = \boxed{}$

$3 \times \boxed{} = \boxed{}$

$6 \times \boxed{} = \boxed{}$

$9 \times \boxed{} = \boxed{}$

4

$3 \times \boxed{} = \boxed{}$

$4 \times \boxed{} = \boxed{}$

$6 \times \boxed{} = \boxed{}$

$8 \times \boxed{} = \boxed{}$

1 공원에 4명씩 앉을 수 있는 벤치가 있습니다. 8개의 벤치에는 모두 몇 명이 앉을 수 있습니까?

문제 이해하기　・벤치가 1개씩 늘어날수록 앉을 수 있는 사람은 ☐명씩 많아집니다.

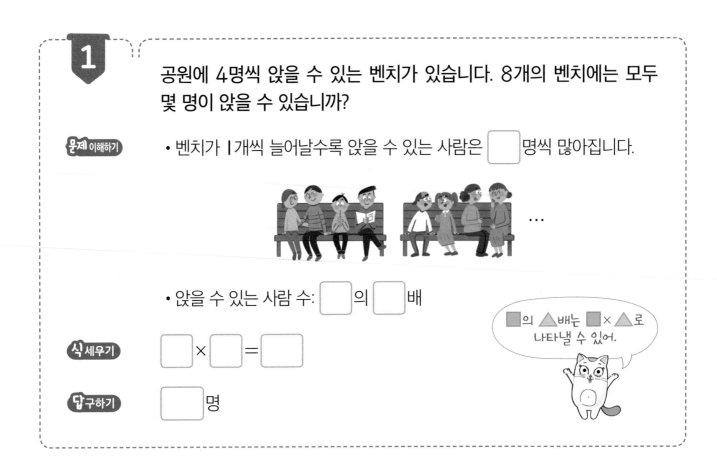

・앉을 수 있는 사람 수: ☐의 ☐배

식 세우기　☐ × ☐ = ☐

> ■의 ▲배는 ■ × ▲로 나타낼 수 있어.

답 구하기　☐명

---

2 지태는 9살입니다. 지태 이모의 나이는 몇 살입니까?

> 이모의 나이는 내 나이의 4배야.

지태

문제 이해하기　・이모의 나이: ☐의 ☐배

・■살의 ▲배 ➡ ■ × ▲

식 세우기　☐ × ☐ = ☐

답 구하기　☐살

---

3 슬비가 1주일 동안 푼 수학 문제는 모두 몇 문제입니까?

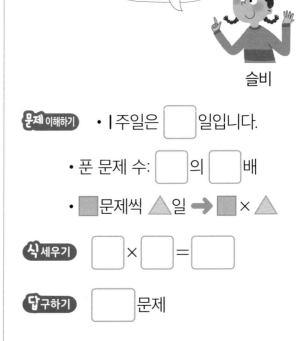

> 매일 5문제씩 풀었어.

슬비

문제 이해하기　・1주일은 ☐일입니다.

・푼 문제 수: ☐의 ☐배

・■문제씩 ▲일 ➡ ■ × ▲

식 세우기　☐ × ☐ = ☐

답 구하기　☐문제

4 수 카드를 한 번씩 모두 사용하여 곱셈식을 2개 만들어 보시오.

$$\boxed{3}\ \boxed{9}\ \boxed{7}\ \boxed{2}$$

문제 이해하기

· 두 수씩 골라 곱셈식을 만들어 보면

$3\times9=\boxed{},\ 3\times7=\boxed{},\ 3\times2=\boxed{},$

$9\times7=\boxed{},\ 9\times2=\boxed{},\ 7\times2=\boxed{}$

➡ 수 카드를 한 번씩 모두 사용한 곱셈식: $\boxed{}\times\boxed{}=\boxed{}$

· 곱하는 두 수의 순서를 서로 바꾸어 보면

$\boxed{}\times\boxed{}=\boxed{},\ \boxed{}\times\boxed{}=\boxed{}$

답 구하기

$\boxed{}\times\boxed{}=\boxed{},\ \boxed{}\times\boxed{}=\boxed{}$

---

5 수 카드를 한 번씩 모두 사용하여 곱셈식을 2개 만들어 보시오.

$$\boxed{4}\ \boxed{2}\ \boxed{7}\ \boxed{8}$$

문제 이해하기

· 두 수씩 골라 곱셈식을 만들어 보면

$4\times2=\boxed{},\ 4\times7=\boxed{},$

$4\times8=\boxed{},\ 2\times7=\boxed{},$

$2\times8=\boxed{},\ 7\times8=\boxed{}$

➡ 수 카드를 한 번씩 모두 사용한

곱셈식: $\boxed{}\times\boxed{}=\boxed{}$

답 구하기

$\boxed{}\times\boxed{}=\boxed{},$

$\boxed{}\times\boxed{}=\boxed{}$

---

6 수 카드를 한 번씩 모두 사용하여 곱셈식을 2개 만들어 보시오.

$$\boxed{8}\ \boxed{6}\ \boxed{5}\ \boxed{7}$$

문제 이해하기

· 두 수씩 골라 곱셈식을 만들어 보면

$8\times6=\boxed{},\ 8\times5=\boxed{},$

$8\times7=\boxed{},\ 6\times5=\boxed{},$

$6\times7=\boxed{},\ 5\times7=\boxed{}$

➡ 수 카드를 한 번씩 모두 사용한

곱셈식: $\boxed{}\times\boxed{}=\boxed{}$

답 구하기

$\boxed{}\times\boxed{}=\boxed{},$

$\boxed{}\times\boxed{}=\boxed{}$

스파이를 찾아라!

여기는 탐정들의 비밀 카페. 옷이나 모자에 같은 단의 곱이 쓰인 탐정들끼리 같은 테이블에 모이기로 했어요. 그런데 테이블마다 스파이가 숨어 있군요. 스파이를 찾아 ○표 하세요.

교과서 곱셈구구

2~9단 곱셈구구 ❷

1

두발자전거 4대와 세발자전거 3대의 바퀴는 모두 몇 개입니까?

문제 이해하기

두발자전거와 세발자전거의 바퀴 수를 알아보면

2씩 ☐ 묶음   3씩 ☐ 묶음

식 세우기

- (두발자전거의 바퀴 수)=2×☐=☐

- (세발자전거의 바퀴 수)=3×☐=☐

➡ (바퀴 수의 합)=☐+☐=☐

답 구하기

☐ 개

2

복숭아가 한 상자에 8개씩, 감이 한 상자에 6개씩 들어 있습니다. 복숭아 3상자와 감 5상자에 들어 있는 과일은 모두 몇 개입니까?

문제 이해하기

식 세우기

답 구하기

3 구슬이 한 줄에 9개씩 2줄로 놓여 있습니다. 이 구슬을 한 줄에 6개씩 놓는다면 몇 줄이 됩니까?

문제 이해하기

• 구슬의 수는 그대로이므로

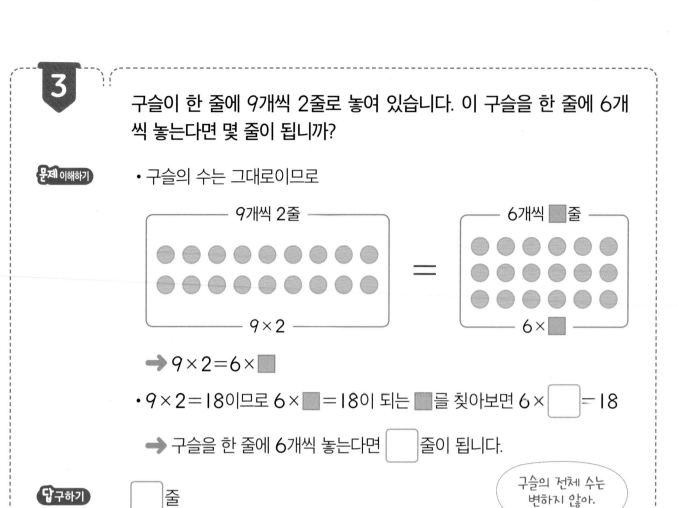

➔ $9 \times 2 = 6 \times$ ▨

• $9 \times 2 = 18$이므로 $6 \times$ ▨ $= 18$이 되는 ▨를 찾아보면 $6 \times \boxed{} = 18$

➔ 구슬을 한 줄에 6개씩 놓는다면 $\boxed{}$ 줄이 됩니다.

답 구하기

$\boxed{}$ 줄

구슬의 전체 수는 변하지 않아.

4 준수네 반 학생들이 한 줄에 4명씩 6줄로 서 있습니다. 이 학생들이 한 줄에 8명씩 선다면 몇 줄이 됩니까?

문제 이해하기

답 구하기

5 두 사람이 4×5를 서로 다른 방법으로 구했습니다. ㉠과 ㉡에 알맞은 수를 각각 구하시오.

> · 연주: 4×3에 $4 \times$㉠을 더했어.
> · 승제: 4×4에 ㉡을 더했어.

문제 이해하기

4×5를 그림으로 나타내 보면

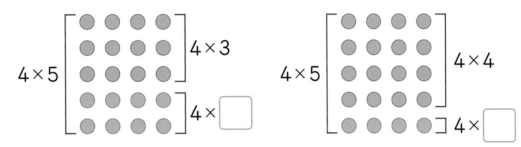

➡ 4×5는 4×3에 $4 \times \boxed{}$를 더한 것과 같습니다.

➡ 4×5는 4×4에 $\boxed{}$를 더한 것과 같습니다.

답 구하기 ㉠$=\boxed{}$, ㉡$=\boxed{}$

---

6 두 사람이 5×4를 서로 다른 방법으로 구했습니다. ㉠과 ㉡에 알맞은 수를 각각 구하시오.

> · 주호: 5×3에 ㉠을 더했어.
> · 효선: $5 \times$㉡을 두 번 더했어.

문제 이해하기

답 구하기

꽃을 심어요!

꽃밭의 가로 길이와 세로 길이를 곱하면 꽃밭에 심을 수 있는 꽃의 수가 된대요. 튤립은 장미보다 몇 송이 더 심을 수 있을까요? 말풍선을 알맞게 완성해 보세요.

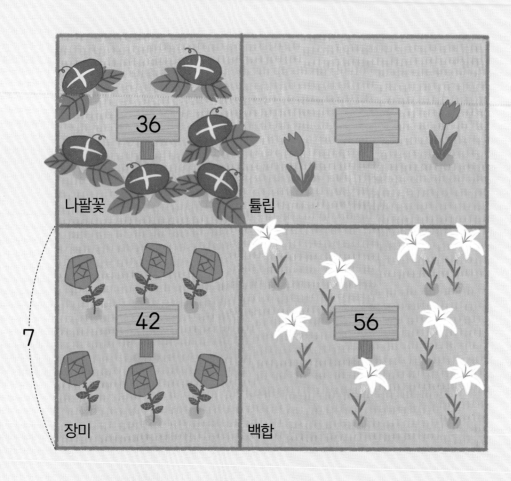

튤립은 장미보다 ☐ 송이 더 심을 수 있어.

90

교과서 곱셈구구

1단 곱셈구구와 0의 곱 ❶

- 1과 어떤 수의 곱은 항상 어떤 수가 됩니다.
- 0과 어떤 수의 곱은 항상 0이 됩니다.

×	1	2	3	4	5	6	7	8	9
1	1	2	3	4	5	6	7	8	9
0	0	0	0	0	0	0	0	0	0

실력 확인하기

다음을 계산해 보시오.

1 $1 \times 4 = \boxed{}$

2 $1 \times 5 = \boxed{}$

3 $1 \times 6 = \boxed{}$

4 $1 \times 8 = \boxed{}$

5 $0 \times 2 = \boxed{}$

6 $0 \times 5 = \boxed{}$

7 $0 \times 7 = \boxed{}$

8 $0 \times 9 = \boxed{}$

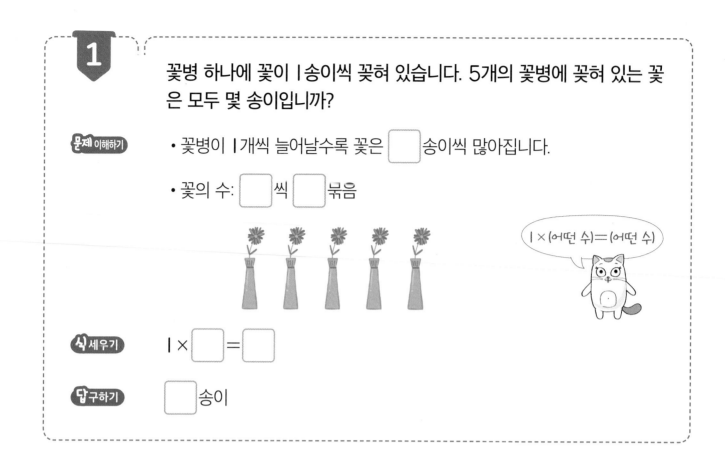

1

꽃병 하나에 꽃이 1송이씩 꽂혀 있습니다. 5개의 꽃병에 꽂혀 있는 꽃은 모두 몇 송이입니까?

문제 이해하기

• 꽃병이 1개씩 늘어날수록 꽃은 ⬜ 송이씩 많아집니다.

• 꽃의 수: ⬜ 씩 ⬜ 묶음

1 × (어떤 수) = (어떤 수)

식 세우기 1 × ⬜ = ⬜

답 구하기 ⬜ 송이

2

접시 하나에 케이크를 한 조각씩 놓았습니다. 접시 4개에 놓은 케이크는 모두 몇 조각입니까?

문제 이해하기

• 접시가 1개씩 늘어날수록

케이크는 ⬜ 조각씩 많아집니다.

• 케이크 조각의 수: ⬜ 씩 ⬜ 묶음

식 세우기 ⬜ × ⬜ = ⬜

답 구하기 ⬜ 조각

3

상자 하나에 반지가 1개씩 들어 있습니다. 상자 3개에 들어 있는 반지는 모두 몇 개입니까?

문제 이해하기

• 상자가 1개씩 늘어날수록

반지는 ⬜ 개씩 많아집니다.

• 반지의 수: ⬜ 씩 ⬜ 묶음

식 세우기 ⬜ × ⬜ = ⬜

답 구하기 ⬜ 개

4

옷이 걸려 있지 않은 빈 옷걸이가 있습니다. 빈 옷걸이 4개에 걸려 있는 옷은 모두 몇 벌입니까?

문제 이해하기

• 빈 옷걸이가 1개씩 늘어나도 옷의 수는 늘어나지 않습니다.

• 걸려 있는 옷의 수: ☐씩 ☐묶음

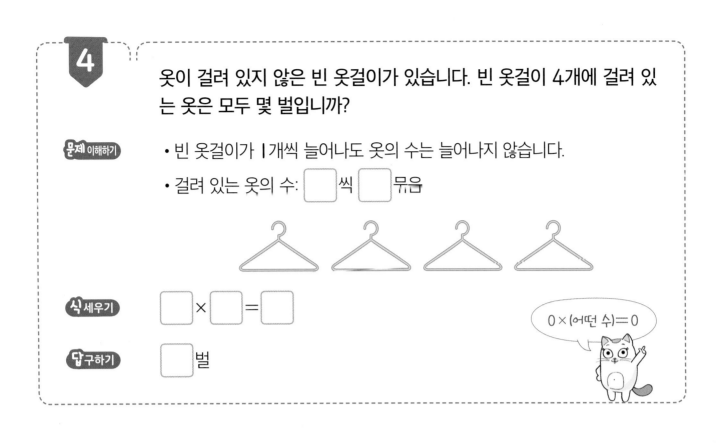

식 세우기 ☐ × ☐ = ☐

0 × (어떤 수) = 0

답 구하기 ☐벌

5

꽃이 꽂혀 있지 않은 빈 꽃병이 있습니다. 빈 꽃병 5개에 꽂혀 있는 꽃은 모두 몇 송이입니까?

문제 이해하기 • 빈 꽃병이 1개씩 늘어나도

꽃의 수는 늘어나지 않습니다.

• 꽃의 수: ☐씩 ☐묶음

식 세우기 ☐ × ☐ = ☐

답 구하기 ☐송이

6

지혜는 화살을 쏘아 0점에 3발 맞혔습니다. 지혜가 얻은 점수는 모두 몇 점입니까?

문제 이해하기 • 0점을 맞힌 화살이 1개씩 늘어나

도 얻은 점수는 늘어나지 않습니다.

• 얻은 점수: ☐의 ☐배

식 세우기 ☐ × ☐ = ☐

답 구하기 ☐점

가위바위보 암호를 풀어라!

꾸러기 발명가 친구들은 만날 시간과 장소를 암호 편지로 주고받아요. 이번 모임은 언제 어디에서 하게 될까요? 재미있는 암호를 풀어 보세요.

교과서 곱셈구구

1단 곱셈구구와 0의 곱 ❷

1 색칠한 모눈 칸의 수를 각각 곱셈식으로 나타내어 보시오.

㉠　　　㉡　　　㉢　　　㉣

4×☐=12　　4×☐=8　　4×☐=4　　4×☐=0

 문제 이해하기

• ☐씩 △묶음 ➡ ☐ × △

• 색칠한 칸을 4칸씩 묶어 보면

㉠ 4씩 3묶음 ➡ 4×☐=☐　　㉡ 4씩 2묶음 ➡ 4×☐=☐

㉢ 4씩 1묶음 ➡ 4×☐=☐　　㉣ 4씩 0묶음 ➡ 4×☐=☐

 답 구하기　㉠: 4×☐=12, ㉡: 4×☐=8, ㉢: 4×☐=4, ㉣: 4×☐=0

2 색칠한 모눈 칸의 수를 각각 곱셈식으로 나타내어 보시오.

㉠　　　㉡　　　㉢

7×☐=☐　　7×☐=☐　　7×☐=☐

문제 이해하기

답 구하기

3 다연이가 화살을 10개 쏘았습니다. 다연이가 얻은 점수는 모두 몇 점입니까?

다연이가 얻은 점수를 알아보면

점수판의 점수(점)	0	1	2
맞힌 횟수(번)	3	☐	☐
점수(점)	0 × ☐ = ☐	1 × ☐ = ☐	2 × ☐ = ☐

→ ☐ + ☐ + ☐ = ☐

 ☐ 점

---

4 달리기 경기에서 다음과 같이 등수에 따라 점수를 얻습니다. 민수네 반에는 1등이 5명, 2등이 3명, 3등이 6명 있습니다. 민수네 반의 달리기 점수는 모두 몇 점입니까?

등수	1등	2등	3등
점수(점)	3	2	1

5

㉠, ㉡, ㉢ 중 나타내는 값이 <u>다른</u> 하나를 찾아 기호를 쓰시오.

| | × ㉠ = | | × ㉡ = 0   ㉢ × 5 = 5

 문제 이해하기

• |과 어떤 수의 곱은 어떤 수가 됩니다. ➡ | × ▨ = ▨ , ▨ × | = ▨

• 0과 어떤 수의 곱은 0이 됩니다. ➡ 0 × ▨ = ☐ , ▨ × 0 = ☐

• ㉠, ㉡, ㉢의 값을 각각 알아보면

| × ㉠ = | ➡ | × | = |이므로 ㉠ = ☐

| × ㉡ = 0 ➡ | × 0 = 0이므로 ㉡ = ☐

㉢ × 5 = 5 ➡ | × 5 = 5이므로 ㉢ = ☐

답구하기 ☐

6

㉠, ㉡, ㉢ 중 나타내는 값이 <u>다른</u> 하나를 찾아 기호를 쓰시오.

㉠ × 3 = 3   6 × ㉡ = 0   0 × 7 = ㉢

문제 이해하기

답구하기

내 짝꿍은 누구?

오늘은 숫자 반 친구들이 짝꿍을 정하는 날이에요. 선생님이 칠판에 짝꿍을 정하는 방법을 써 놓으셨네요. 자기 짝과 앉지 않은 네 명을 모두 찾아 ○표 하세요.

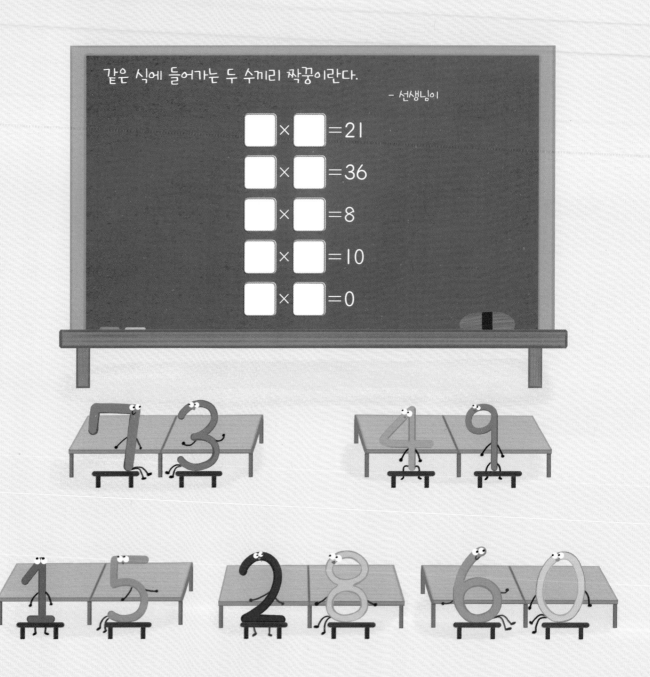

같은 식에 들어가는 두 수끼리 짝꿍이란다.

– 선생님이

$$\square \times \square = 21$$
$$\square \times \square = 36$$
$$\square \times \square = 8$$
$$\square \times \square = 10$$
$$\square \times \square = 0$$

곱셈표

곱셈표는 세로줄과 가로줄이 만나는 칸에 두 수의 곱을 써넣은 표입니다.

×	0	1	2	3	4
0	0	0	0	0	0
1	0	1	2	3	4
2	0	2	4	6	8
3	0	3	6	9	12
4	0	4	8	12	16

$3 \times 4 = \boxed{12}$

$4 \times 3 = \boxed{12}$

실력 확인하기

빈칸에 알맞은 수를 써넣어 곱셈표를 완성하시오.

×	0	1	2	3	4	5	6	7	8	9
0		0				0		0		
1	0			3		5				
2	0					10			16	18
3			6		12			21		
4	0					20			32	
5		5		15			30			45
6		6	12	18					48	
7					28		42			63
8		8				40				
9	0	9		27			54		72	

1 곱셈표를 점선을 따라 접었을 때 32 와 겹치는 칸을 찾아 기호를 쓰시오.

×	3	4	5	6	7	8
3	9	12	15	18	21	24
4	12	16				32
5	15				35	40
6	18					
7	21	㉠	㉡			
8	24	㉢	㉣			

문제 이해하기

· 32 에서 만나는 세로줄과 가로줄의 수를 찾아보면 ➡ 4 × ☐ = 32

· 점선을 따라 접었을 때 32 와 겹치는 칸은

☐ × 4의 곱을 쓰는 칸입니다.

점선을 따라 곱셈표를 접으면 같은 수끼리 겹쳐.

답 구하기 ☐

---

2 위의 곱셈표를 점선을 따라 접었을 때 35 와 겹치는 칸을 찾아 기호를 쓰시오

문제 이해하기 · 35 에서 만나는 세로줄과 가로줄의 수를 찾아보면

➡ 5 × ☐ = 35

· 점선을 따라 접었을 때 35 와 겹치는 칸은 ☐ × 5의 곱을 쓰는 칸입니다.

답 구하기 ☐

---

3 위의 곱셈표를 점선을 따라 접었을 때 40 과 겹치는 칸을 찾아 기호를 쓰시오

문제 이해하기 · 40 에서 만나는 세로줄과 가로줄의 수를 찾아보면

➡ ☐ × 8 = 40

· 점선을 따라 접었을 때 40 과 겹치는 칸은 8 × ☐ 의 곱을 쓰는 칸입니다.

답 구하기 ☐

4 곱셈표를 보고 곱이 24인 곱셈구구를 모두 쓰시오.

×	3	4	5	6	7	8	9
3	9	12	15	18	21	24	27
4	12	16	20	24	28	32	36
5	15	20	25	30	35	40	45
6	18	24	30	36	42	48	54
7	21	28	35	42	49	56	63
8	24	32	40	48	56	64	72
9	27	36	45	54	63	72	81

곱셈표의 세로줄과 가로줄을 보면 곱한 두 수를 알 수 있어.

문제 이해하기 24 에서 만나는 세로줄과 가로줄의 수를 찾아보면

24는 3과 ☐의 곱 ➡ 3×☐=24, ☐×3=24

24는 4와 ☐의 곱 ➡ 4×☐=24, ☐×4=24

답 구하기 ☐×☐=24, ☐×☐=24,

☐×☐=24, ☐×☐=24

---

5 위의 곱셈표를 보고 곱이 30인 곱셈구구를 모두 쓰시오.

문제 이해하기 30 에서 만나는 세로줄과 가로줄의 수를 찾아보면

30은 5와 ☐의 곱

➡ 5×☐=30, ☐×5=30

답 구하기 ☐×☐=30,

☐×☐=30

---

6 위의 곱셈표를 보고 곱이 45인 곱셈구구를 모두 쓰시오.

문제 이해하기 45 에서 만나는 세로줄과 가로줄의 수를 찾아보면

45는 5와 ☐의 곱

➡ 5×☐=45, ☐×5=45

답 구하기 ☐×☐=45,

☐×☐=45

엄마의 심부름

윤지는 엄마의 심부름을 가요. 사야 하는 물건을 엄마가 곱셈표 암호로 적어 주셨네요. 쪽지 속 물건을 사려면 윤지는 어디로 가야 할까요? 윤지가 가야 하는 가게에 ○표 하세요.

윤지야, 틀린 부분을 색칠하면 사야 할 물건을 알 수 있단다.

×	0	1	2	3	4	5	6	7	8	9
0	0	0	1	6	2	1	3	0	0	0
1	0	1	2	3	4	5	2	7	8	9
2	0	2	4	6	8	10	12	14	16	18
3	0	2	7	11	15	17	20	23	24	27
4	0	4	8	10	16	21	24	28	32	36
5	0	5	12	14	21	24	31	35	40	45
6	0	6	12	18	24	30	37	42	48	54
7	0	7	17	25	29	32	45	49	56	63
8	0	8	15	24	32	40	48	56	64	72
9	0	9	20	24	31	40	53	63	72	81

꽃집

과일 가게

빵집

교과서 곱셈구구

단원 마무리

---

01 구슬의 수를 바르게 나타낸 것을 모두 찾아 기호를 쓰시오.

⊙ 7+7=14   ⓒ 7×2=14
ⓒ 7×7=49   ⓔ 7+2=9

---

02 5단 곱셈구구의 곱을 모두 골라 ○표 하시오.

1	2	3	4	5	6	7	8	9	10
11	12	13	14	15	16	17	18	19	20
21	22	23	24	25	26	27	28	29	30
31	32	33	34	35	36	37	38	39	40
41	42	43	44	45					

03 연결큐브의 수를 구하는 방법을 바르게 말한 사람은 누구입니까?

• 세희: 6을 5번 더해서 구할 거야.
• 준영: 6×7에서 6을 빼서 구할 수 있어.

04 ㉠, ㉡, ㉢ 중 나타내는 값이 <u>다른</u> 하나를 찾아 기호를 쓰시오.

$$0×4=㉠ \quad 1×㉡=3 \quad ㉢×1=0$$

05 나타내는 수가 큰 것부터 차례로 기호를 쓰시오.

㉠ 7과 4의 곱 ㉡ 5의 6배
㉢ 8씩 3묶음 ㉣ 9×4

06 무당벌레는 다리가 6개이고, 거미는 다리가 8개입니다. 무당벌레 9마리와 거미 4마리의 다리는 모두 몇 개입니까?

07 □ 안에 알맞은 수를 구하시오.

$$6 \times \square = 4 \times 9$$

08 곱셈표를 완성하고, 곱이 18인 곱셈식을 모두 쓰시오.

×	2	3	4	5	6	7	8	9
2	4		8	10		14		18
3	6			15		21	24	27
4	8	12		20	24		32	36
5	10	15	20	25	30			
6				30	36		48	54
7	14	21	28	35		49	56	63
8				40	48			
9			36	45	54	63	72	

09 다음 조건을 만족하는 수를 모두 구하시오.

> · 7단 곱셈구구의 곱입니다.
> · 3×9의 곱보다 큽니다.
> · 8×6의 곱보다 작습니다.

10 재원이가 과녁 맞히기 놀이를 한 결과입니다. 재원이가 얻은 점수는 모두 몇 점입니까?

점수(점)	5	3	I
맞힌 횟수(번)	3	6	4

정답 확인 | 오늘 나의 실력은? | 부모님 확인

길이 재기

이렇게 배우고 있어요!

배운 내용

[2-1]
• 1 cm를 알고 자로 길이 재기

단원 내용

• 1 m 알아보기
• 자로 길이 재기
• 길이의 합과 차 구하기
• 길이 어림하기

배울 내용

[3-1]
• 1 mm와 1 km 알아보기

학습 계획 세우기

공부할 내용에 대한 계획을 세우고,
학습해 보아요!

m 알아보기

- 100 cm = 1 m
- 130 cm는 1 m보다 30 cm 더 깁니다.

100 cm = 1 m 30 cm

1 m 30 cm

130 cm = 1 m 30 cm

실력
확인하기

빈칸에 알맞은 수를 써넣으시오.

1 100 cm = ☐ m

2 300 cm = ☐ m

3 2 m = ☐ cm

4 4 m = ☐ cm

5 540 cm = ☐ m ☐ cm

6 752 cm = ☐ m ☐ cm

7 4 m 87 cm = ☐ cm

8 9 m 3 cm = ☐ cm

빗자루의 길이를 바르게 쓴 것을 모두 골라 ◯표 하시오.

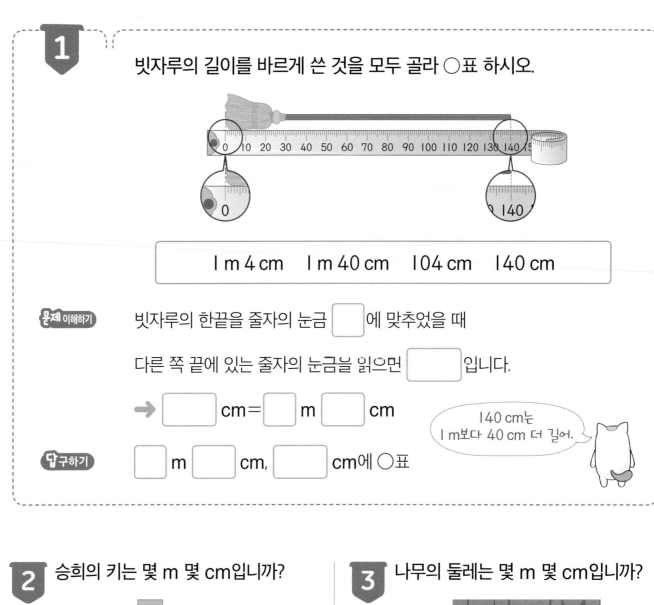

| 1 m 4 cm | 1 m 40 cm | 104 cm | 140 cm |

문제 이해하기 빗자루의 한끝을 줄자의 눈금 ☐ 에 맞추었을 때

다른 쪽 끝에 있는 줄자의 눈금을 읽으면 ☐ 입니다.

➡ ☐ cm = ☐ m ☐ cm

140 cm는
1 m보다 40 cm 더 길어.

답 구하기 ☐ m ☐ cm, ☐ cm에 ◯표

---

2 승희의 키는 몇 m 몇 cm입니까?

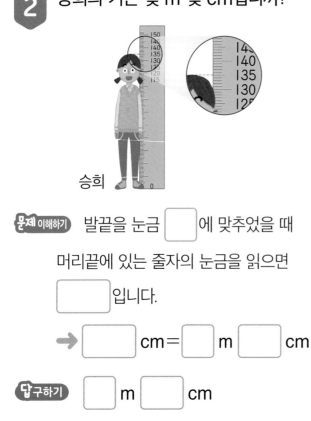

승희

문제 이해하기 발끝을 눈금 ☐ 에 맞추었을 때

머리끝에 있는 줄자의 눈금을 읽으면

☐ 입니다.

➡ ☐ cm = ☐ m ☐ cm

답 구하기 ☐ m ☐ cm

---

3 나무의 둘레는 몇 m 몇 cm입니까?

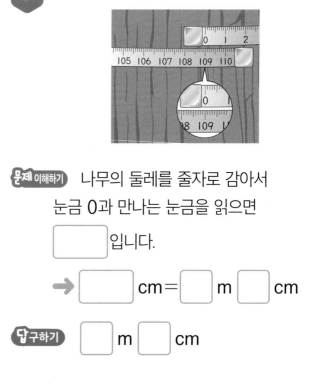

문제 이해하기 나무의 둘레를 줄자로 감아서

눈금 0과 만나는 눈금을 읽으면

☐ 입니다.

➡ ☐ cm = ☐ m ☐ cm

답 구하기 ☐ m ☐ cm

4

놀이공원에 키가 1 m 50 cm를 넘어야 탈 수 있는 놀이 기구가 있습니다. 놀이 기구를 탈 수 있는 사람을 모두 찾아 이름을 쓰시오.

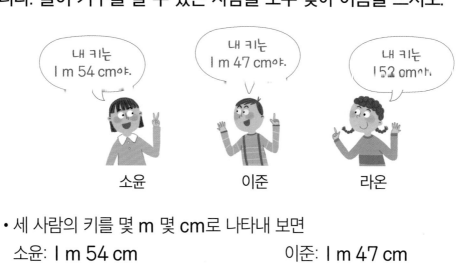

내 키는 1 m 54 cm야.   내 키는 1 m 47 cm야.   내 키는 152 cm야.

소윤   이준   라온

문제 이해하기

• 세 사람의 키를 몇 m 몇 cm로 나타내 보면

소윤: 1 m 54 cm   이준: 1 m 47 cm

라온: 152 cm = [   ] m [   ] cm

• 키가 1 m 50 cm보다 (큰 , 작은) 사람만 놀이 기구를 탈 수 있습니다.

➡ 1 m 47 cm < 1 m 50 cm < [   ] m [   ] cm < 1 m 54 cm

답구하기 [   ] , [   ]

---

5 2 m보다 짧은 길이를 모두 찾아 기호를 쓰시오.

> ㉠ 190 cm   ㉡ 2 m 4 cm
> ㉢ 1 m 78 cm   ㉣ 300 cm

문제 이해하기 길이를 몇 m 몇 cm로 나타내 보면

㉠ 190 cm = [   ] m [   ] cm

㉡ 2 m 4 cm

㉢ 1 m 78 cm

㉣ 300 cm = [   ] m

답구하기 [   ] , [   ]

---

6 긴 길이부터 차례로 기호를 쓰시오.

> ㉠ 8 m 30 cm   ㉡ 738 cm
> ㉢ 803 cm   ㉣ 7 m 83 cm

문제 이해하기 길이를 몇 m 몇 cm로 나타내 보면

㉠ 8 m 30 cm

㉡ 738 cm = [   ] m [   ] cm

㉢ 803 cm = [   ] m [   ] cm

㉣ 7 m 83 cm

답구하기 [   ] , [   ] , [   ] , [   ]

재미있는 수학 놀이터

터널을 통과해요

덩치 큰 차들의 경주가 시작됐어요. 각각의 차마다 차의 높이가 적혀 있네요.
달리던 차들 앞에 3 m 15 cm 높이의 터널이 나타났어요. 터널을 통과하지
못하는 차를 모두 찾아 ○표 하세요.

 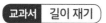

길이의 합 ❶

1 m 50 cm+3 m 40 cm는 어떻게 계산할까요?

m는 m끼리 더하고, cm는 cm끼리 더합니다.

1 m 50 cm+3 m 40 cm=4 m 90 cm

	m	cm
	1 m	50 cm
+	3 m	40 cm
	4 m	90 cm

실력 확인하기

빈칸에 알맞은 수를 써넣으시오.

1

	1 m	30 cm
+	1 m	40 cm
	☐ m	☐ cm

2

	2 m	50 cm
+	3 m	30 cm
	☐ m	☐ cm

3

	5 m	26 cm
+	2 m	21 cm
	☐ m	☐ cm

4

	2 m	55 cm
+	3 m	15 cm
	☐ m	☐ cm

5 4 m 20 cm+1 m 40 cm=☐ m ☐ cm

6 10 m 41 cm+3 m 39 cm=☐ m ☐ cm

1 길이가 1 m 40 cm인 파란색 테이프와 길이가 2 m 30 cm인 빨간색 테이프를 겹치지 않게 이어 붙였습니다. 이어 붙인 색 테이프의 전체 길이는 몇 m 몇 cm입니까?

문제 이해하기 파란색 테이프의 길이와 빨간색 테이프의 길이를 더하면

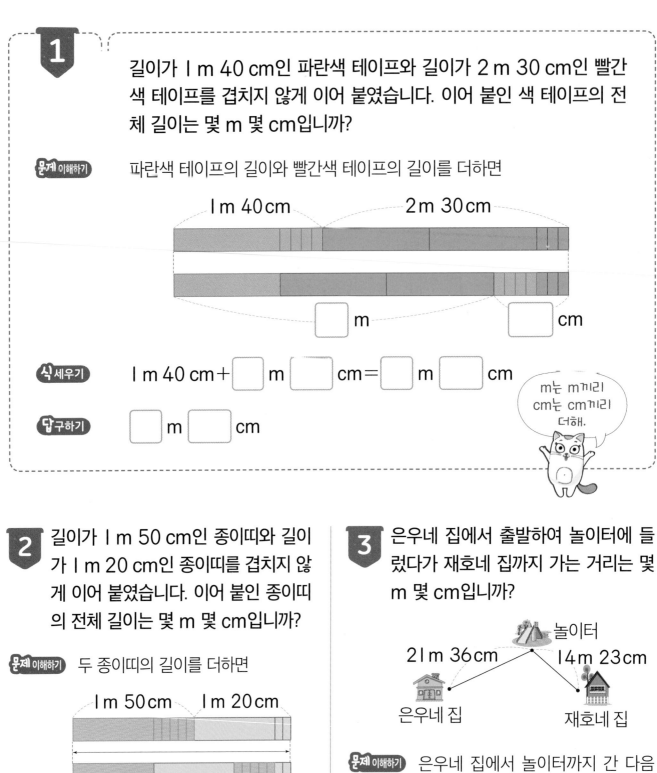

1 m 40 cm   2 m 30 cm

☐ m   ☐ cm

식 세우기 1 m 40 cm + ☐ m ☐ cm = ☐ m ☐ cm

m은 m끼리
cm은 cm끼리
더해.

답 구하기 ☐ m ☐ cm

---

2 길이가 1 m 50 cm인 종이띠와 길이가 1 m 20 cm인 종이띠를 겹치지 않게 이어 붙였습니다. 이어 붙인 종이띠의 전체 길이는 몇 m 몇 cm입니까?

문제 이해하기 두 종이띠의 길이를 더하면

1 m 50 cm   1 m 20 cm

식 세우기 1 m 50 cm + ☐ m ☐ cm

= ☐ m ☐ cm

답 구하기 ☐ m ☐ cm

---

3 은우네 집에서 출발하여 놀이터에 들렀다가 재호네 집까지 가는 거리는 몇 m 몇 cm입니까?

놀이터
21 m 36 cm   14 m 23 cm
은우네 집   재호네 집

문제 이해하기 은우네 집에서 놀이터까지 간 다음 놀이터에서 재호네 집까지 가야 합니다.

식 세우기 21 m 36 cm

+ ☐ m ☐ cm

= ☐ m ☐ cm

답 구하기 ☐ m ☐ cm

4

준수와 선화가 멀리뛰기를 하였습니다. 준수는 1 m 70 cm를 뛰었고, 선화는 준수보다 40 cm 더 멀리 뛰었습니다. 선화가 뛴 거리는 몇 m 몇 cm입니까?

문제 이해하기   선화가 뛴 거리는 준수가 뛴 거리보다 [ ] cm 더 (깁니다 , 짧습니디).

(선화가 뛴 거리)

1 m 70 cm   [ ] cm

식 세우기   1 m 70 cm + [ ] cm = 1 m [ ] cm = [ ] m [ ] cm

답 구하기   [ ] m [ ] cm

> cm끼리의 합이 100 cm이거나 100 cm를 넘으면 100 cm를 1 m로 바꿔 봐.

---

5 가로수의 높이가 5 m 60 cm입니다. 전봇대의 높이는 가로수의 높이보다 1 m 90 cm 더 높다면 전봇대의 높이는 몇 m 몇 cm입니까?

문제 이해하기   전봇대의 높이는 가로수의 높이보다 1 m 90 cm 더 (높습니다 , 낮습니다).

식 세우기   5 m 60 cm + [ ] m [ ] cm

= 6 m [ ] cm

= 7 m [ ] cm

답 구하기   [ ] m [ ] cm

---

6 윤서가 운동장에서 굴렁쇠를 굴렸습니다. 굴렁쇠가 굴러간 거리는 몇 m 몇 cm입니까?

10 m 80 cm   7 m 70 cm

문제 이해하기   굴렁쇠가 10 m 80 cm만큼 구르고 7 m 70 cm 더 굴렀습니다.

식 세우기   10 m 80 cm + 7 m 70 cm

= 17 m [ ] cm

= [ ] m [ ] cm

답 구하기   [ ] m [ ] cm

재미있는 수학 놀이터

범인을 찾아라!

도시 한복판에서 사라진 범인! 도망친 거리의 합이 34 m 50 cm인 곳에 범인이 숨어 있어요. 범인은 어디 숨어 있을까요? ○표 하고 빈칸에 써 보세요.

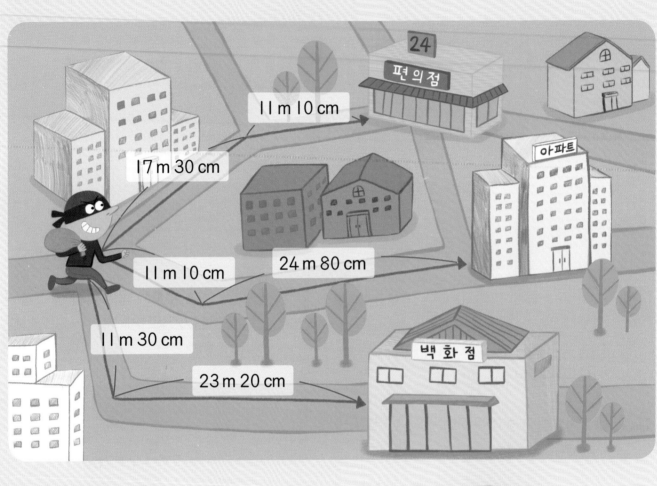

범인이 숨은 곳은

[   ] 이야!

길이의 합 ❷

1

가장 긴 길이와 가장 짧은 길이의 합은 몇 m 몇 cm입니까?

| 352 cm | 3 m 7 cm | 3 m 38 cm |

문제 이해하기

길이를 몇 m 몇 cm로 나타내어 비교해 보면

352 cm = ☐ m ☐ cm

길이를 한 가지 단위로 나타내면 비교하기 좋아.

→ 3 m 7 cm < ☐ m ☐ cm < ☐ m ☐ cm

식 세우기

(가장 긴 길이) + (가장 짧은 길이)

= ☐ m ☐ cm + 3 m 7 cm = ☐ m ☐ cm

답 구하기

☐ m ☐ cm

2

오른쪽 삼각형에서 가장 긴 변의 길이와 가장 짧은 변의 길이의 합은 몇 m 몇 cm 입니까?

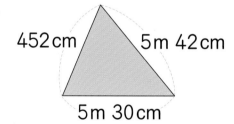

452 cm   5 m 42 cm

5 m 30 cm

문제 이해하기

식 세우기

답 구하기

3

수 카드 3장을 한 번씩 사용하여 만들 수 있는 ☐m ☐☐cm 중 가장 짧은 길이와 4 m 22 cm의 합을 구하시오.

5	3	7

문제 이해하기

수 카드의 수의 크기를 비교해 보면 ☐ < ☐ < ☐

➡ 만들 수 있는 가장 짧은 길이: ☐ m ☐☐ cm

식 세우기

```
      ☐ m  ☐☐ cm
  +   4 m  2 2 cm
  ─────────────────
      ☐ m  ☐☐ cm
```

> ■m ▲★cm = ■▲★cm이므로
> ■에 가장 작은 수를 놓고
> ★에 가장 큰 수를 놓으면
> 가장 짧은 길이가 돼.

답 구하기

☐ m ☐ cm

4

수 카드 3장을 한 번씩 사용하여 만들 수 있는 ☐m ☐☐cm 중 가장 긴 길이와 5 m 17 cm의 합을 구하시오.

6	0	4

문제 이해하기

식 세우기

답 구하기

118

5

세영이가 집에서 출발하여 도서관에 가려고 합니다. 병원과 은행 중 어느 곳을 거쳐서 가는 길이 더 가깝습니까?

도서관
25 m 20 cm   32 m
병원   은행
30 m 50 cm   23 m 45 cm
세영이네 집

거리가 짧을수록 더 가깝고, 거리가 길수록 더 멀어.

문제 이해하기

병원을 거쳐서 가는 거리와 은행을 거쳐서 가는 거리를 비교해 보면

• 집 → 병원 → 도서관: 30 m 50 cm + ☐ m ☐ cm

= ☐ m ☐ cm

• 집 → 은행 → 도서관: 23 m 45 cm + ☐ m = ☐ m ☐ cm

→ ☐ m ☐ cm < ☐ m ☐ cm

답 구하기   ☐

6

윤재가 집에서 출발하여 과학관에 가려고 합니다. 학교와 공원 중 어느 곳을 거쳐서 가는 길이 더 멉니까?

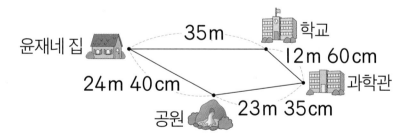

윤재네 집   35 m   학교
12 m 60 cm
24 m 40 cm   과학관
공원   23 m 35 cm

문제 이해하기

답 구하기

용왕님의 편지

용왕님이 보내신 편지가 찢어졌어요. 찢어지기 전 편지 길이는 5 m 47 cm 였대요. 찢어진 조각 중 용왕님의 편지를 찾아 거북이가 할 일에 ○표 하세요.

2 m 18 cm

거북이는

3 m 99 cm

토끼를 용궁으로 데려오거라.

3 m 51 cm

토끼와 달리기 시합을 하거라.

3 m 29 cm

토끼와 밥을 먹거라.

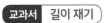 교과서 길이 재기

길이의 차 ❶

5 m 50 cm − 2 m 40 cm는 어떻게 계산할까요?

m는 m끼리 빼고, cm는 cm끼리 뺍니다.

5 m 50 cm − 2 m 40 cm = 3 m 10 cm

	5 m	50 cm
−	2 m	40 cm
	3 m	10 cm

실력 확인하기

빈칸에 알맞은 수를 써넣으시오.

1

	2 m	50 cm
−	1 m	20 cm
	☐ m	☐ cm

2

	6 m	70 cm
−	4 m	20 cm
	☐ m	☐ cm

3

	7 m	59 cm
−	2 m	39 cm
	☐ m	☐ cm

4

	5 m	78 cm
−	1 m	24 cm
	☐ m	☐ cm

5 8 m 65 cm − 1 m 40 cm = ☐ m ☐ cm

6 10 m 99 cm − 1 m 30 cm = ☐ m ☐ cm

1

길이가 3 m 90 cm인 초록색 테이프와 길이가 2 m 30 cm인 노란색 테이프가 있습니다. 초록색 테이프는 노란색 테이프보다 몇 m 몇 cm 더 깁니까?

문제 이해하기 초록색 테이프의 길이에서 노란색 테이프의 길이를 빼면

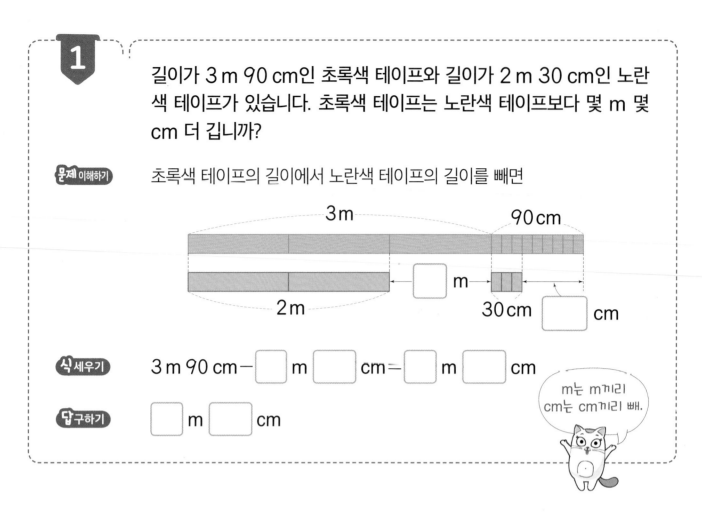

식 세우기 3 m 90 cm − ☐ m ☐ cm = ☐ m ☐ cm

답 구하기 ☐ m ☐ cm

m는 m끼리
cm는 cm끼리 빼.

2

길이가 2 m 40 cm인 실이 있습니다. 은미가 만들기 시간에 실을 1 m 10 cm만큼 사용했다면 남은 실은 몇 m 몇 cm입니까?

문제 이해하기 가지고 있던 실의 길이에서 사용한 실의 길이를 빼면

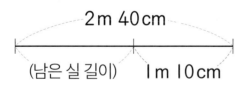

(남은 실 길이)   1 m 10 cm

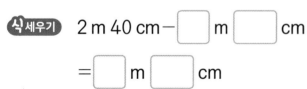

식 세우기 2 m 40 cm − ☐ m ☐ cm

= ☐ m ☐ cm

답 구하기 ☐ m ☐ cm

3

정은이의 키는 1 m 25 cm이고 아버지의 키는 1 m 75 cm입니다. 아버지는 정은이보다 키가 몇 cm 더 큽니까?

문제 이해하기 더 큰 키에서 더 작은 키를 뺍니다.

식 세우기 ☐ m ☐ cm

− ☐ m ☐ cm

= ☐ cm

답 구하기 ☐ cm

4

길이가 4 m인 털실로 목도리를 뜨고 1 m 20 cm만큼 남았습니다. 목도리를 뜨는 데 사용한 털실의 길이는 몇 m 몇 cm입니까?

문제 이해하기

사용한 털실의 길이는 전체 털실 길이보다 1 m 20 cm 더 (깁니다 , 짧습니다).

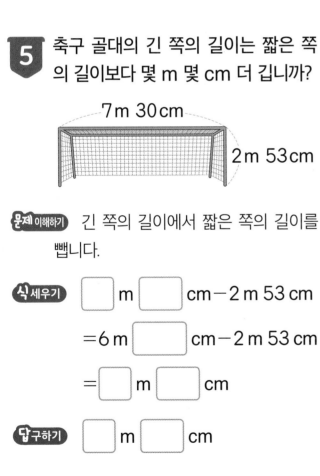

4 m

1 m 20 cm   (사용한 털실 길이)

식 세우기

☐ m − ☐ m ☐ cm = 3 m ☐ cm − ☐ m ☐ cm

= ☐ m ☐ cm

답 구하기

☐ m ☐ cm

cm끼리 뺄 수 없으면 1 m를 100 cm로 바꾸어 빼 봐.

---

5 축구 골대의 긴 쪽의 길이는 짧은 쪽의 길이보다 몇 m 몇 cm 더 깁니까?

7 m 30 cm

2 m 53 cm

문제 이해하기 긴 쪽의 길이에서 짧은 쪽의 길이를 뺍니다.

식 세우기

☐ m ☐ cm − 2 m 53 cm

= 6 m ☐ cm − 2 m 53 cm

= ☐ m ☐ cm

답 구하기 ☐ m ☐ cm

---

6 길이가 1 m 90 cm인 고무줄을 양쪽에서 잡아당겼더니 3 m 10 cm가 되었습니다. 고무줄이 처음보다 몇 m 몇 cm만큼 늘어났습니까?

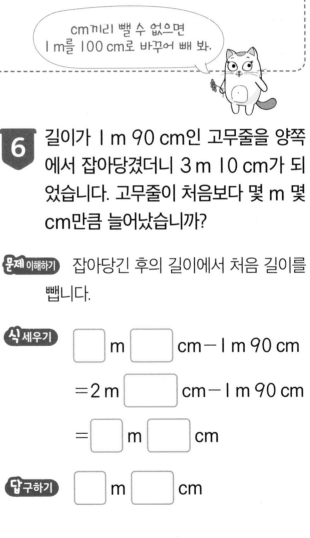

문제 이해하기 잡아당긴 후의 길이에서 처음 길이를 뺍니다.

식 세우기

☐ m ☐ cm − 1 m 90 cm

= 2 m ☐ cm − 1 m 90 cm

= ☐ m ☐ cm

답 구하기 ☐ m ☐ cm

정답 확인 오늘 나의 실력은? 부모님 확인

얼마나 남았을까요?

밧줄 장수가 4 m의 밧줄을 가지고 길을 떠났어요. 길을 따라가며 필요한 사람들에게 잘라 주고 얼마가 남았을까요? 말풍선 속 빈칸에 써 보세요.

1 수 카드 3장을 한 번씩 사용하여 만들 수 있는 □m □□cm 중 가장 긴 길이와 2 m 30 cm의 차를 구하시오.

| 2 | 9 | 6 |

문제 이해하기

수 카드의 수의 크기를 비교해 보면 ☐ > ☐ > ☐

➡ 만들 수 있는 가장 긴 길이: ☐ m ☐☐ cm

식 세우기

```
    ☐ m  ☐☐ cm
 −  2 m   3  0 cm
    ☐ m  ☐☐ cm
```

답 구하기 ☐ m ☐ cm

2 수 카드 3장을 한 번씩 사용하여 만들 수 있는 □m □□cm 중 가장 짧은 길이와 7 m 58 cm의 차를 구하시오.

| 3 | 1 | 4 |

문제 이해하기

식 세우기

답 구하기

3 세 사람이 각자 어림하여 2 m 50 cm가 되도록 리본을 잘랐습니다.
자른 리본의 길이가 2 m 50 cm에 가장 가까운 사람은 누구입니까?

이름	선우	재희	영준
끈의 길이	2 m 30 cm	2 m 85 cm	2 m 60 cm

문제 이해하기

자른 리본의 길이와 2 m 50 cm와의 차가 (클수록 , 작을수록)
2 m 50 cm에 가깝습니다.

식 세우기

자른 리본의 길이와 2 m 50 cm의 차를 각각 구해서 비교해 보면

선우: 2 m 50 cm − ☐ m ☐ cm = ☐ cm

재희: ☐ m ☐ cm − 2 m 50 cm = ☐ cm

영준: ☐ m ☐ cm − ☐ m ☐ cm = ☐ cm

➡ ☐ cm < ☐ cm < ☐ cm

> 차이를 구할 때는
> 긴 길이에서 짧은 길이를
> 빼야 해.

답 구하기

☐

4 길이가 6 m 70 cm에 가장 가까운 끈을 가진 친구의 이름을 쓰시오.

> • 윤서: 내 끈은 6 m 50 cm야.
> • 민호: 내 끈은 6 m 5 cm야.
> • 지훈: 내 끈은 7 m야.

문제 이해하기

식 세우기

답 구하기

5

길이가 3 m 45 cm인 색 테이프 2장을 80 cm만큼 겹치게 이어 붙였습니다. 이어 붙인 색 테이프의 전체 길이는 몇 m 몇 cm입니까?

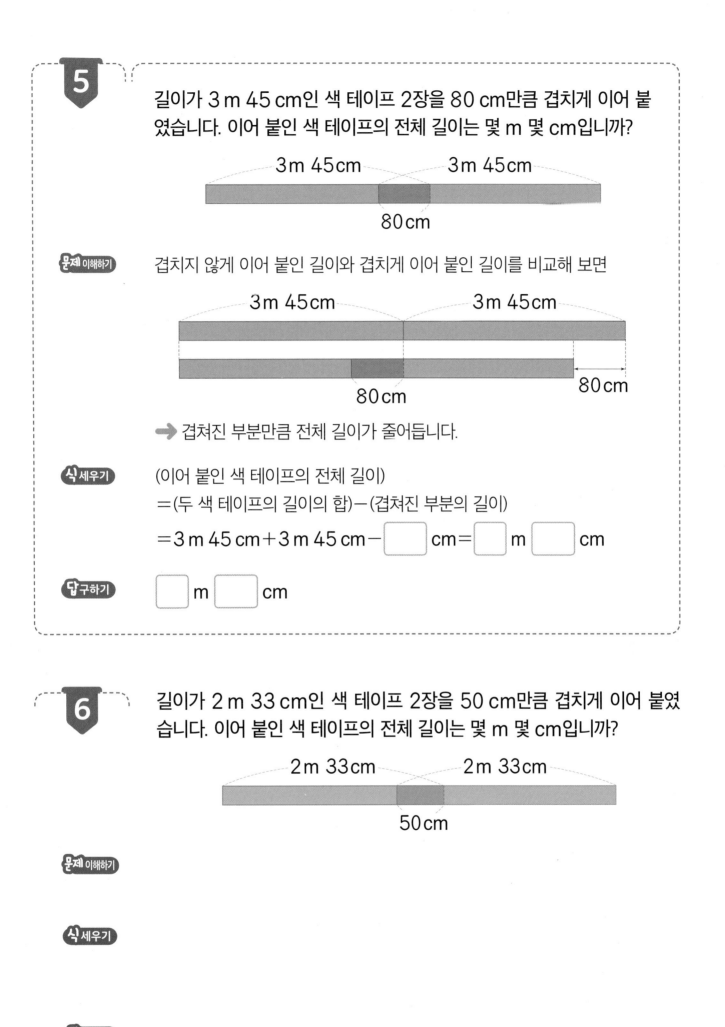

3m 45cm   3m 45cm

80 cm

문제 이해하기 겹치지 않게 이어 붙인 길이와 겹치게 이어 붙인 길이를 비교해 보면

3m 45cm   3m 45cm

80 cm   80 cm

➡ 겹쳐진 부분만큼 전체 길이가 줄어듭니다.

식 세우기 (이어 붙인 색 테이프의 전체 길이)
=(두 색 테이프의 길이의 합)−(겹쳐진 부분의 길이)
=3 m 45 cm+3 m 45 cm− ⬚ cm= ⬚ m ⬚ cm

답 구하기 ⬚ m ⬚ cm

6

길이가 2 m 33 cm인 색 테이프 2장을 50 cm만큼 겹치게 이어 붙였습니다. 이어 붙인 색 테이프의 전체 길이는 몇 m 몇 cm입니까?

2m 33cm   2m 33cm

50 cm

문제 이해하기

식 세우기

답 구하기

무인도에서 살아남기

주환이가 무인도에 홀로 남았어요. 섬에 있는 물건 중 길이를 정확히 잴 수 있는 물건은 가질 수 있다고 해요. 주환이가 가지고 있는 두 개의 철사를 이용하여 길이를 정확히 잴 수 있는 물건을 모두 찾아 ○표 하세요.

50 cm	▬▬▬▬▬
1 m 60 cm	▬▬▬▬▬▬▬▬▬

2 m 10 cm

90 cm

1 m 10 c

3 m

교과서 길이 재기

길이 어림하기 ❶

내 몸의 일부를 이용하여 길이를 어림할 수 있어요.

예 몸에서 약 1 m인 길이 찾기

실력 확인하기

1 m보다 긴 길이에 ○표, 1 m보다 짧은 길이에 △표 하시오.

1

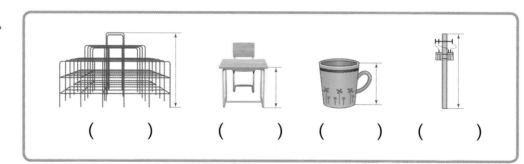

(   )   (   )   (   )   (   )

2

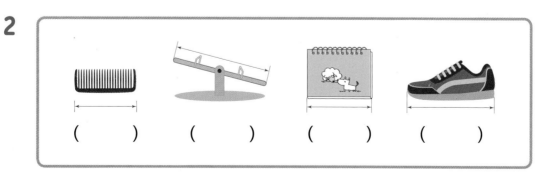

(   )   (   )   (   )   (   )

1 길이가 1 m보다 짧은 것을 모두 찾아 기호를 쓰시오.

> ㉠ 방문의 높이 ㉡ 반바지의 길이 ㉢ 식탁의 높이

 몸 길이를 이용하여 주어진 길이를 어림해 보면

㉠ 방문의 높이 ➡ 1 m보다 (짧습니다 , 깁니다).
㉡ 반바지의 길이 ➡ 1 m보다 (짧습니다 , 깁니다).
㉢ 식탁의 높이 ➡ 1 m보다 (짧습니다 , 깁니다).

몸에서 얼마만큼이
1 m인지 생각해 봐.

답구하기 [   ] , [   ]

---

2 1 m보다 짧은 것의 기호를 쓰시오.

> ㉠ 칠판 긴 쪽의 길이
> ㉡ 리코더의 길이

 몸 길이를 이용하여 길이를 어림해 보면

㉠ 1 m보다 (짧습니다 , 깁니다).
㉡ 1 m보다 (짧습니다 , 깁니다).

 [   ]

---

3 길이가 1 m보다 긴 것을 모두 찾아 기호를 쓰시오.

> ㉠ 축구 골대 긴 쪽의 길이
> ㉡ 숟가락의 길이
> ㉢ 운동장 긴 쪽의 길이

문제이해하기 약 1 m인 몸 길이를 이용하여 주어진 길이를 어림해 보면
㉠ 축구 골대 긴 쪽의 길이는
　　1 m보다 (짧습니다 , 깁니다).
㉡ 숟가락의 길이는
　　1 m보다 (짧습니다 , 깁니다).
㉢ 운동장 긴 쪽의 길이는
　　1 m보다 (짧습니다 , 깁니다).

 [   ] , [   ]

4

빈칸에 cm와 m 중 알맞은 단위를 써넣으시오.

• 칫솔의 길이는 약 20 ☐ 입니다.

• 침대 긴 쪽의 길이는 약 2 ☐ 입니다.

• 에어컨의 높이는 약 200 ☐ 입니다.

문제 이해하기 적절한 단위로 길이를 어림해 보면

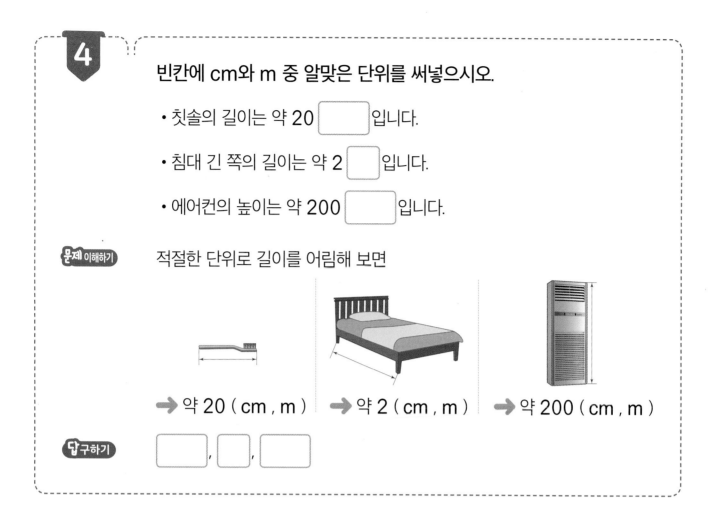

→ 약 20 (cm , m)   → 약 2 (cm , m)   → 약 200 (cm , m)

답 구하기 ☐ , ☐ , ☐

5

빈칸에 cm와 m 중 알맞은 단위를 써넣으시오.

• 연필의 길이: 약 15 ☐

• 트럭의 길이: 약 5 ☐

문제 이해하기 적절한 단위로 길이를 어림해 보면

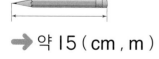

→ 약 15 (cm , m)

→ 약 5 (cm , m)

답 구하기 ☐ , ☐

6

빈칸에 알맞은 길이를 써넣으시오.

| 8 cm   180 cm   8 m |

• 종이컵의 높이: 약 ☐

• 줄넘기의 길이: 약 ☐

문제 이해하기 길이를 어림해 보면

 → 약 ☐

→ 약 ☐

답 구하기 ☐ , ☐

길이의 주인 찾기

세혁이가 동네에서 주변에 있는 여러 가지 물체의 길이를 재었어요. 그런데 친구가 길이를 적어 놓은 종이를 모두 떼어 놓았네요. 길이가 써 있는 종이를 알맞은 위치에 선으로 이어 보세요.

 교과서 길이 재기

길이 어림하기 ❷

1

수호의 걸음으로 두 걸음이 1 m라면 사물함의 길이는 약 몇 m입니까?

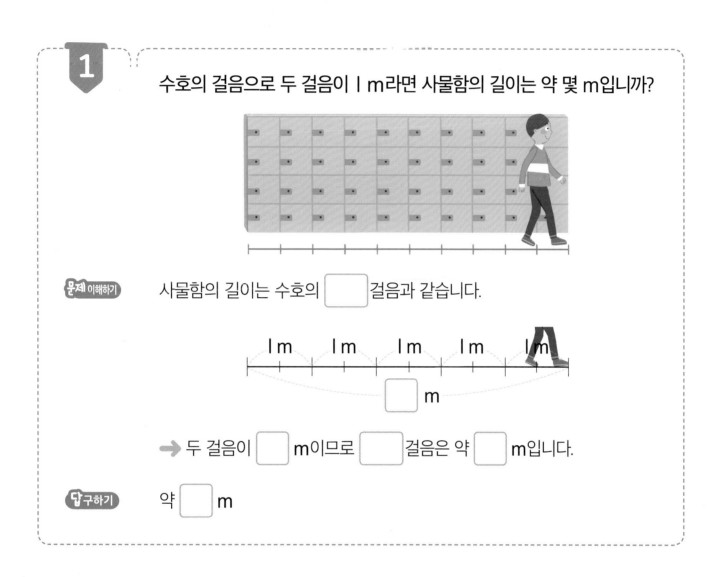

문제 이해하기 사물함의 길이는 수호의 □ 걸음과 같습니다.

1m 1m 1m 1m 1m

□ m

➡ 두 걸음이 □ m이므로 □ 걸음은 약 □ m입니다.

답구하기 약 □ m

2

연아가 칠판 긴 쪽의 길이를 뼘으로 재었더니 15뼘이었습니다. 연아의 뼘으로 5뼘이 1 m라면 칠판 긴 쪽의 길이는 약 몇 m입니까?

 문제 이해하기

 답구하기

3

오토바이의 길이가 2 m일 때 버스의 길이는 약 몇 m입니까?

문제 이해하기 버스의 길이는 길이가 2 m인 오토바이로 ☐ 번 잰 길이와 같습니다.

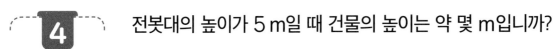

☐ m

➡ 버스의 길이: ☐ m + ☐ m + ☐ m + ☐ m = ☐ m

답 구하기 약 ☐ m

4

전봇대의 높이가 5 m일 때 건물의 높이는 약 몇 m입니까?

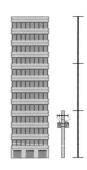

문제 이해하기

답 구하기

5

허리띠의 길이를 다음 세 가지 물건으로 재려고 합니다. 재는 횟수가 많은 것부터 차례로 기호를 쓰시오.

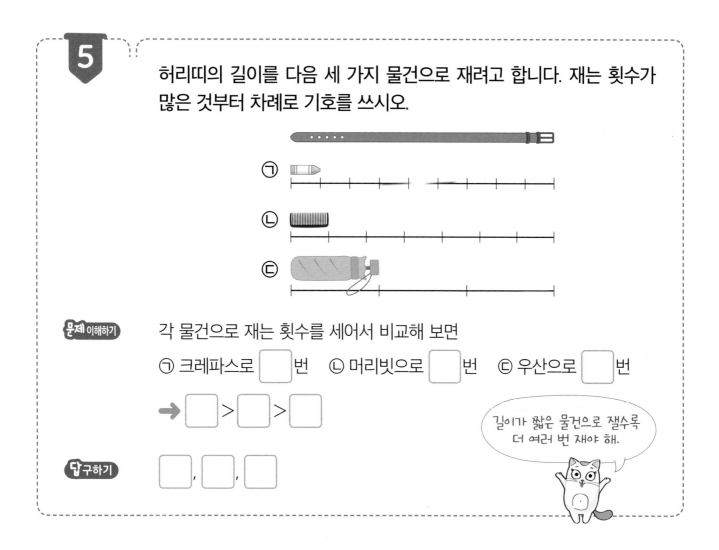

문제 이해하기 각 물건으로 재는 횟수를 세어서 비교해 보면

㉠ 크레파스로 ☐ 번   ㉡ 머리빗으로 ☐ 번   ㉢ 우산으로 ☐ 번

→ ☐ > ☐ > ☐

> 길이가 짧은 물건으로 잴수록 더 여러 번 재야 해.

답 구하기 ☐ , ☐ , ☐

6

복도 긴 쪽의 길이를 다음 세 가지 방법으로 재려고 합니다. 재는 횟수가 많은 것부터 차례로 기호를 쓰시오.

문제 이해하기

답 구하기

재미있는 수학 놀이터

누가 누가 많이 재나

세준이네 모둠 친구들이 운동화 바닥에 물감을 묻혀 발자국 찍기 놀이를 했어요. 모둠 친구들이 각자의 운동화를 신고 발로 복도 긴 쪽의 길이를 재려고 해요. 가장 여러 번 재야 하는 친구부터 순서대로 써 보세요.

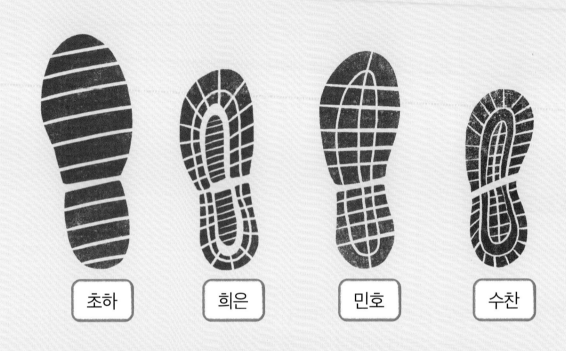

| 초하 | 희은 | 민호 | 수찬 |

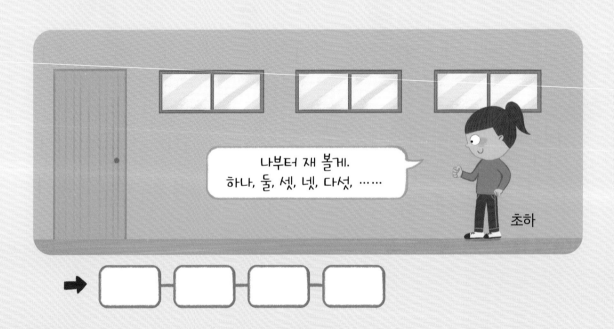

나부터 재 볼게.
하나, 둘, 셋, 넷, 다섯, ……

초하

➡ ☐ ☐ ☐ ☐

교과서 길이 재기

단원 마무리

01 멀리뛰기 기록이 130 cm를 넘어야 대회에 참가할 수 있습니다. 다음 세 사람 중 대회에 참가할 수 있는 사람은 몇 명입니까?

> 다솜: 140 cm   진서: 1 m 3 cm   기혁: 138 cm

02 주어진 1 m로 밧줄의 길이를 어림하였습니다. 어림한 밧줄의 길이는 약 몇 m입니까?

1 m

03 빨간색 리본을 한 번만 잘라내 빨간색 리본과 파란색 리본의 길이를 똑같이 만들려고 합니다. 빨간색 리본을 몇 m 몇 cm만큼 잘라내야 합니까?

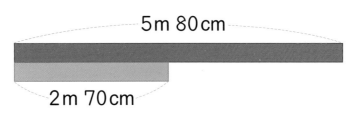

5 m 80 cm

2 m 70 cm

04 길이가 1 m보다 긴 것을 모두 찾아 기호를 쓰시오.

> ㉠ 국기 게양대의 높이   ㉡ 숟가락의 길이   ㉢ 줄넘기의 길이

05 가장 긴 털실과 가장 짧은 털실의 길이의 차는 몇 m 몇 cm입니까?

4 m   3 m 34 cm   340 cm

06 수 카드 3장을 각각 한 번씩 사용하여 만들 수 있는 ☐ m ☐☐ cm 중 가장 긴 길이와 가장 짧은 길이의 합을 구해 보시오.

8   2   5

07 길이가 2 m 5 cm인 색 테이프 2장을 그림과 같이 70 cm만큼 겹치게 이어 붙였습니다. 이어 붙인 색 테이프의 전체 길이는 몇 m 몇 cm입니까?

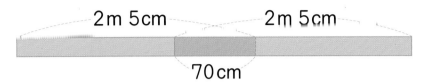

08 집에서 서점까지 가는 길을 나타낸 것입니다. 집에서 놀이터를 거쳐서 서점까지 가면 집에서 서점으로 바로 가는 것보다 몇 m 몇 cm를 더 가야 합니까?

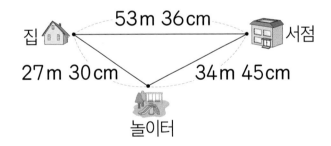

09 5 m에 더 가까운 모둠을 찾아 쓰시오.

승주네 모둠

연아네 모둠

10 4개의 리본을 겹치지 않게 2개씩 연결하여 길이가 같은 리본 ㉠과 ㉡을 만들었습니다. 초록색 리본의 길이는 몇 m 몇 cm입니까?

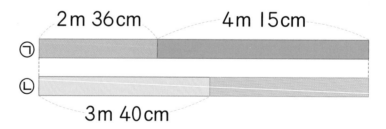

2 m 36 cm   4 m 15 cm

㉠

㉡

3 m 40 cm

시각과 시간

이렇게 배우고 있어요!

학습 계획 세우기

공부할 내용에 대한 계획을 세우고, 학습해 보아요!

교과서 시각과 시간

시각 읽기

- 긴바늘이 작은 눈금 한 칸만큼 가면 1분이 지납니다.
- 긴바늘이 숫자 눈금 한 칸만큼 가면 5분이 지납니다.
➡ 오른쪽 시계가 나타내는 시각은 8시 20분입니다.

실력
확인하기

시각을 읽어 보시오.

1  ☐시 ☐분

2  ☐시 ☐분

3  ☐시 ☐분

4  ☐시 ☐분

5  ☐시 ☐분

6  ☐시 ☐분

1 시계가 나타내는 시각을 읽어 보시오.

긴바늘이 가리키는 작은 눈금 한 칸은 1분을 나타내.

문제 이해하기

• 긴바늘이 숫자 8을 가리키면 ☐ 분을 나타냅니다.

• 시곗바늘이 가리키는 눈금을 읽어 보면

짧은바늘: ☐ 와 ☐ 사이

긴바늘: 8에서 작은 눈금으로 ☐ 칸 더 간 곳

답 구하기 ☐ 시 ☐ 분

---

2 시계가 나타내는 시각을 읽어 보시오.

문제 이해하기

• 긴바늘이 숫자 7을 가리키면 ☐ 분을 나타냅니다.

• 시곗바늘이 가리키는 눈금을 읽어 보면

짧은바늘: ☐ 과 ☐ 사이

긴바늘: 7에서 작은 눈금으로 ☐ 칸 더 간 곳

답 구하기 ☐ 시 ☐ 분

---

3 시계가 나타내는 시각이 8시 23분이 되도록 긴바늘을 그려 넣으시오.

문제 이해하기

• 8시 23분은 8시 20분에서 ☐ 분 더 지난 시각입니다.

• 20분일 때 긴바늘은 숫자 ☐ 를 가리키므로 23분일 때 긴바늘은 숫자 ☐ 에서 작은 눈금으로 ☐ 칸 더 간 곳을 가리킵니다.

답 구하기

144

4

시계를 보고 옳게 말한 사람을 찾아 이름을 쓰시오.

3시 11분이야.

4시가 되려면 10분이 더 지나야 해.

4시 5분 전이라고 말할 수 있어.

승호   효원   윤우

문제 이해하기

시곗바늘이 가리키는 눈금의 시각을 읽어 보면

짧은바늘: [ ]과 [ ] 사이

긴바늘: [ ]

⎫ [ ]시 [ ]분

➡ 이 시각은 4시가 되기 [ ]분 전의 시각과 같습니다.

답 구하기 [ ]

5

시각을 두 가지 방법으로 읽어 보시오.

문제 이해하기 시곗바늘이 가리키는 눈금의 시각을 읽어 보면

짧은바늘: [ ]과 [ ] 사이

긴바늘: [ ]

답 구하기 [ ]시 [ ]분

[ ]시 [ ]분 전

6

놀이터에 더 일찍 도착한 사람은 누구입니까?

세주: 나는 5시 50분에 도착했어.

정호: 나는 6시 15분 전에 도착했어.

문제 이해하기

· 세주가 도착한 시각: 5시 50분

· 정호가 도착한 시각:

➡ 6시 [ ]분 전

➡ [ ]시 [ ]분

답 구하기 [ ]

정답 확인

오늘 나의 실력은?   부모님 확인

토끼의 바쁜 하루

토끼의 하루가 바쁘게 흐르네요. 토끼의 시계에 시곗바늘을 바르게 그리고
빈칸에 시각을 써 보세요.

오늘 할 일

☐ 5시 - 여왕님의 생일 파티

☐ 7시 - 배추벌레와 티타임

여왕님의 생일 파티
15분 전이잖아!

☐ 시 ☐ 분

5분 뒤면 배추벌레와
티타임을 갖기로 한 시간이네!

☐ 시 ☐ 분

교과서 시각과 시간

시간 알아보기 ❶

- 긴바늘이 한 바퀴 도는 데 걸리는 시간은 60분입니다.

- 짧은바늘이 숫자 눈금 한 칸만큼 가는 데 걸리는 시간은 1시간입니다.

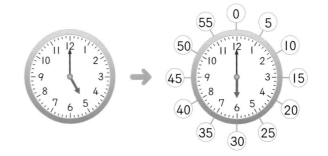

$$60분 = 1시간$$

실력 확인하기

빈칸에 알맞은 수를 써넣으시오.

1 1시간 = ☐ 분

2 3시간 = ☐ 분

3 1시간 30분 = ☐ 분

4 2시간 10분 = ☐ 분

5 120분 = ☐ 시간

6 240분 = ☐ 시간

7 100분 = ☐ 시간 ☐ 분

8 150분 = ☐ 시간 ☐ 분

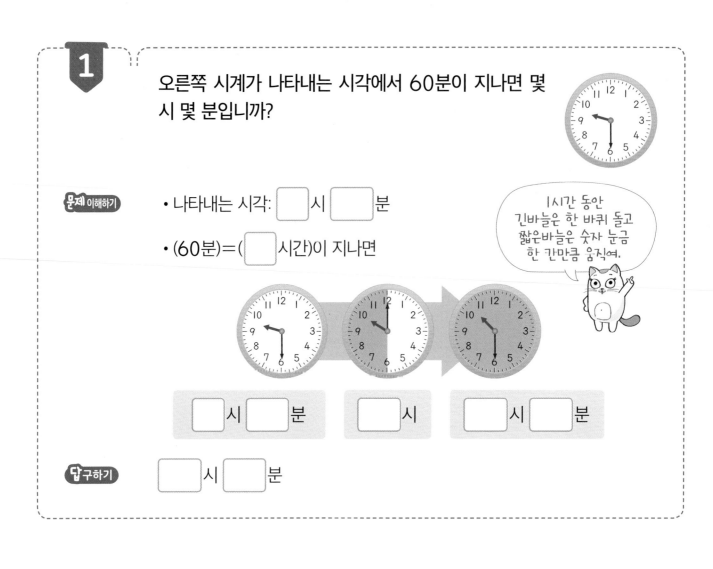

1

오른쪽 시계가 나타내는 시각에서 60분이 지나면 몇 시 몇 분입니까?

문제 이해하기

- 나타내는 시각: ☐시 ☐분

- (60분)=(☐시간)이 지나면

1시간 동안 긴바늘은 한 바퀴 돌고 짧은바늘은 숫자 눈금 한 칸만큼 움직여.

☐시 ☐분   ☐시   ☐시 ☐분

답 구하기 ☐시 ☐분

2

시계가 나타내는 시각에서 60분이 지나면 몇 시 몇 분입니까?

문제 이해하기

- 나타내는 시각: 12시 ☐분

- (60분)=(☐시간)이 지나면

답 구하기 ☐시 ☐분

3

시계의 긴바늘이 한 바퀴 돌면 몇 시 몇 분이 됩니까?

문제 이해하기

- 나타내는 시각: 7시 ☐분

- 긴바늘이 한 바퀴 도는 데 걸리는 시간:

☐분=☐시간

→ 7시 ☐분에서 1시간이 지나면

☐시 ☐분이 됩니다.

답 구하기 ☐시 ☐분

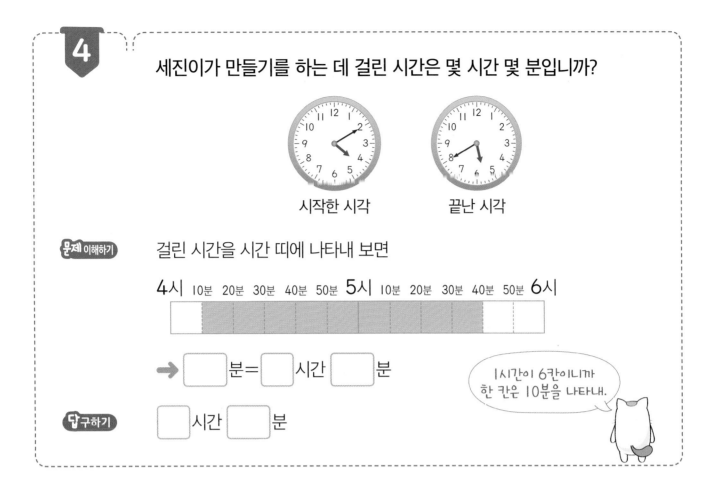

4 세진이가 만들기를 하는 데 걸린 시간은 몇 시간 몇 분입니까?

시작한 시각   끝난 시각

문제 이해하기   걸린 시간을 시간 띠에 나타내 보면

4시 10분 20분 30분 40분 50분 5시 10분 20분 30분 40분 50분 6시

→ ☐ 분 = ☐ 시간 ☐ 분

답구하기   ☐ 시간 ☐ 분

> 1시간이 6칸이니까
> 한 칸은 10분을 나타내.

---

5 규호가 심부름을 하는 데 걸린 시간은 몇 분입니까?

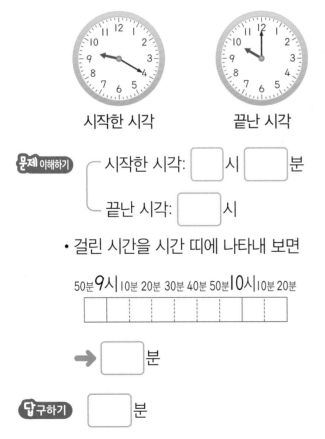

시작한 시각   끝난 시각

문제 이해하기
┌ 시작한 시각: ☐ 시 ☐ 분
└ 끝난 시각: ☐ 시

• 걸린 시간을 시간 띠에 나타내 보면

50분 9시 10분 20분 30분 40분 50분 10시 10분 20분

→ ☐ 분

답구하기   ☐ 분

---

6 채연이가 그림을 그리는 데 걸린 시간은 몇 시간 몇 분입니까?

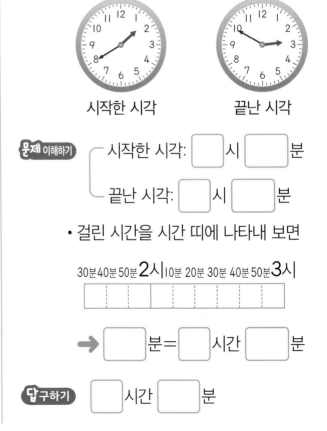

시작한 시각   끝난 시각

문제 이해하기
┌ 시작한 시각: ☐ 시 ☐ 분
└ 끝난 시각: ☐ 시 ☐ 분

• 걸린 시간을 시간 띠에 나타내 보면

30분 40분 50분 2시 10분 20분 30분 40분 50분 3시

→ ☐ 분 = ☐ 시간 ☐ 분

답구하기   ☐ 시간 ☐ 분

고장 나지 않은 시계 찾기

예은이네 집에는 시계가 4개 있는데 그중 3개는 고장 난 시계랍니다. 예은이가 놀이터에 간 지 1시간 20분 만에 돌아왔어요. 고장 나지 않은 시계를 찾아 ○표 하세요.

교과서 | 시각과 시간

시간 알아보기 ❷

1

예림이가 줄넘기 연습을 시작한 시각입니다. 줄넘기 연습을 1시간 20분 동안 했다면 연습을 마친 시각은 몇 시 몇 분입니까?

시작한 시각

문제 이해하기

시간 띠를 이용하여 연습을 마친 시각을 알아보면

시작한 시각	마친 시각
☐시 ☐분	☐시 ☐분

1시간 20분 후

4시   5시   6시

1시간 후   20분 후

답 구하기 ☐시 ☐분

2

재훈이가 퍼즐 맞추기를 시작한 시각입니다. 퍼즐을 2시간 30분 동안 맞췄다면 퍼즐 맞추기가 끝난 시각은 몇 시 몇 분입니까?

시작한 시각

문제 이해하기

답 구하기

효희가 할머니 댁에 도착한 시각입니다. 효희가 집에서 할머니 댁까지 가는 데 1시간 30분이 걸렸다면 효희가 출발한 시각은 몇 시 몇 분입니까?

도착한 시각

문제 이해하기

시간 띠를 이용하여 출발한 시각을 알아보면

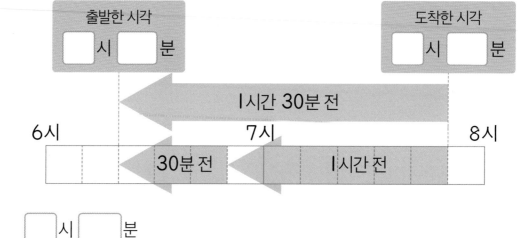

출발한 시각
[ ]시[ ]분

도착한 시각
[ ]시[ ]분

1시간 30분 전

6시   7시   8시

30분 전   1시간 전

답구하기

[ ]시[ ]분

영화 상영이 끝난 시각입니다. 영화가 1시간 20분 동안 상영되었다면 영화는 몇 시 몇 분에 시작했습니까?

끝난 시각

문제 이해하기

답구하기

152

5 1교시와 2교시의 수업 시간이 같을 때, 2교시 수업이 끝나는 시각은 몇 시 몇 분입니까?

> **수업 시간표**
> 1교시 9:40 ~ 10:30
> 2교시 10:30 ~ ?

 문제 이해하기

- 1교시 수업 시간: 9시 40분부터 10시 30분까지 ➡ ☐ 분

- 시간 띠를 이용하여 2교시 수업이 끝나는 시각을 알아보면

시작하는 시각		끝나는 시각
10시 30분		☐ 시 ☐ 분

10시   11시   12시

☐ 분 후

답구하기 ☐ 시 ☐ 분

---

6 전반전과 후반전의 경기 시간이 같을 때, 후반전이 끝나는 시각은 몇 시 몇 분입니까?

경기 시간

전반전	2:50 ~ 3:30
후반전	3:40 ~ ?

 문제 이해하기

답구하기

정답 확인 　오늘 나의 실력은?　부모님 확인

어떤 영화를 봤을까?

친구들은 어떤 영화를 봤을까요? 친구의 이름 아래에 친구가 본 영화 제목을 써 보세요.

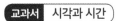 교과서 시각과 시간

하루의 시간 알아보기 ❶

- 하루는 24시간입니다.
- 하루 ⎰ 오전 12시간
      ⎱ 오후 12시간

실력
확인하기

빈칸에 알맞은 수를 써넣으시오.

1 1일 = ⬚ 시간

2 2일 = ⬚ 시간

3 1일 6시간 = ⬚ 시간

4 2일 12시간 = ⬚ 시간

5 72시간 = ⬚ 일

6 96시간 = ⬚ 일

7 36시간 = ⬚ 일 ⬚ 시간

8 50시간 = ⬚ 일 ⬚ 시간

1

승희가 미술관에 있었던 시간을 구하시오.

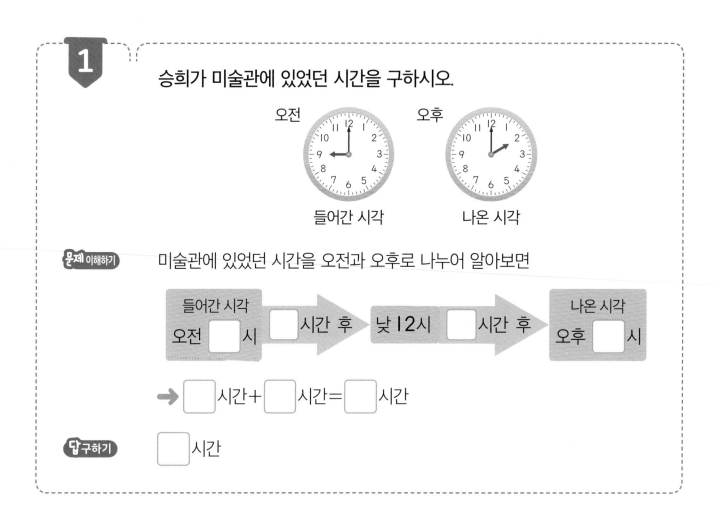

문제 이해하기   미술관에 있었던 시간을 오전과 오후로 나누어 알아보면

들어간 시각		낮 12시		나온 시각
오전 ⬜ 시	⬜ 시간 후	낮 12시	⬜ 시간 후	오후 ⬜ 시

➡ ⬜ 시간 + ⬜ 시간 = ⬜ 시간

답 구하기   ⬜ 시간

2

승현이가 체험 농장에 있었던 시간을 구하시오.

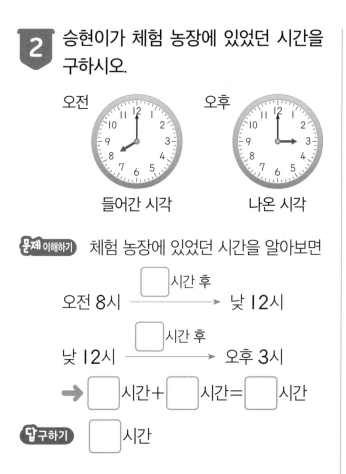

문제 이해하기   체험 농장에 있었던 시간을 알아보면

오전 8시 ──── ⬜ 시간 후 ────➡ 낮 12시

낮 12시 ──── ⬜ 시간 후 ────➡ 오후 3시

➡ ⬜ 시간 + ⬜ 시간 = ⬜ 시간

답 구하기   ⬜ 시간

3

연재가 학교에 있었던 시간을 구하시오

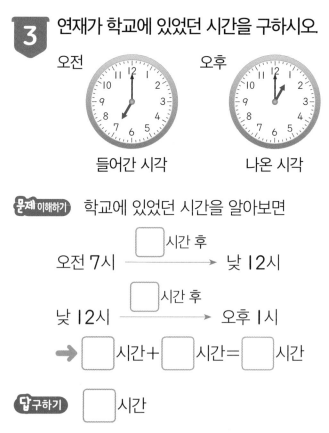

문제 이해하기   학교에 있었던 시간을 알아보면

오전 7시 ──── ⬜ 시간 후 ────➡ 낮 12시

낮 12시 ──── ⬜ 시간 후 ────➡ 오후 1시

➡ ⬜ 시간 + ⬜ 시간 = ⬜ 시간

답 구하기   ⬜ 시간

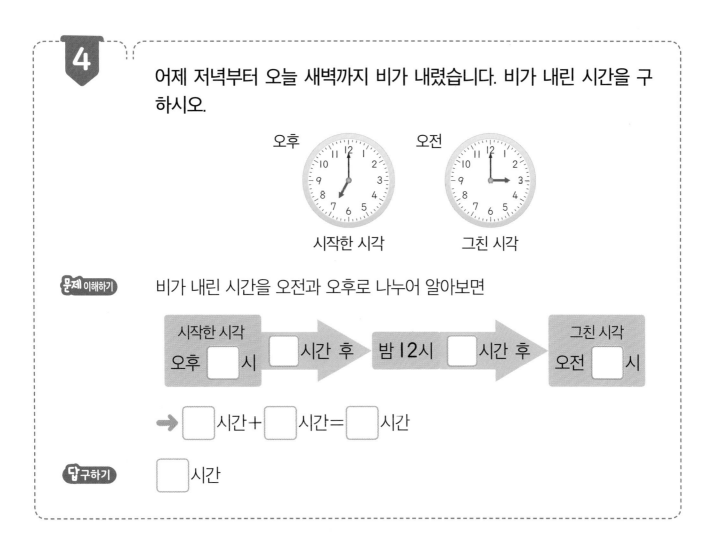

4
어제 저녁부터 오늘 새벽까지 비가 내렸습니다. 비가 내린 시간을 구하시오.

오후 / 시작한 시각

오전 / 그친 시각

문제 이해하기 비가 내린 시간을 오전과 오후로 나누어 알아보면

| 시작한 시각 오후 ☐ 시 | ☐ 시간 후 | 밤 12시 | ☐ 시간 후 | 그친 시각 오전 ☐ 시 |

→ ☐ 시간 + ☐ 시간 = ☐ 시간

답 구하기 ☐ 시간

5
윤하가 잔 시간을 구하시오.

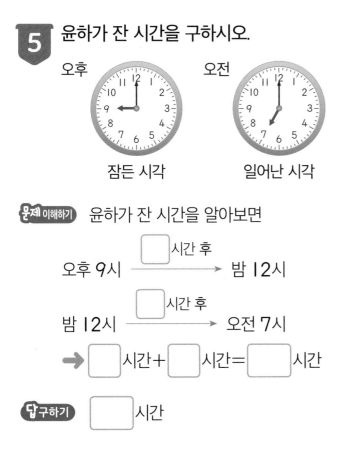

오후 / 잠든 시각

오전 / 일어난 시각

문제 이해하기 윤하가 잔 시간을 알아보면

오후 9시 ──☐ 시간 후──→ 밤 12시

밤 12시 ──☐ 시간 후──→ 오전 7시

→ ☐ 시간 + ☐ 시간 = ☐ 시간

답 구하기 ☐ 시간

6
세희가 가습기를 켜 놓은 시간을 구하시오.

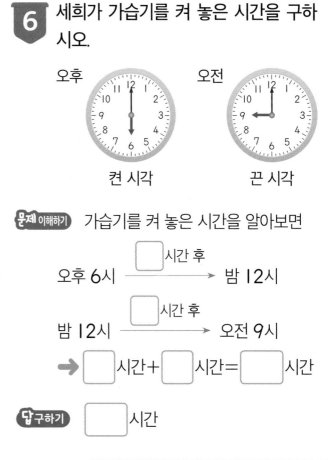

오후 / 켠 시각

오전 / 끈 시각

문제 이해하기 가습기를 켜 놓은 시간을 알아보면

오후 6시 ──☐ 시간 후──→ 밤 12시

밤 12시 ──☐ 시간 후──→ 오전 9시

→ ☐ 시간 + ☐ 시간 = ☐ 시간

답 구하기 ☐ 시간

빨래를 걷어요

빨래마다 말려야 하는 시간이 적혀 있어요. 지금은 오전 8시예요. 각각 몇 시에 걷어야 할까요?

티셔츠

바지

치마

수건

11시간

14시간

5시간

3시간

빨래 걷을 시간

☑ 티셔츠: (오전 , 오후) ☐시

☑ 바지: (오전 , 오후) ☐시

☑ 치마: (오전 , 오후) ☐시

☑ 수건: (오전 , 오후) ☐시

교과서 시각과 시간

하루의 시간 알아보기 ②

1

혜은이네 가족이 여행을 다녀왔습니다. 어제 아침 6시에 출발하여 오늘 낮 12시에 집에 돌아왔다면 여행하는 데 걸린 시간은 모두 몇 시간입니까?

문제 이해하기

여행하는 데 걸린 시간을 알아보면

출발한 시각
어제 오전 6시
→ 24시간 후 →
오늘 오전 ☐시
→ ☐시간 후 →
도착한 시각
오늘 낮 12시

→ ☐시간 + ☐시간 = ☐시간

답 구하기

☐시간

2

준우네 가족이 여행을 다녀왔습니다. 어제 아침 9시에 출발하여 오늘 저녁 7시에 집에 돌아왔다면 여행하는 데 걸린 시간은 모두 몇 시간입니까?

문제 이해하기

답 구하기

3

서울역에서 여수까지 가는 기차의 첫차 출발 시각은 오전 6시 40분이고, 그 후로 같은 시간 간격으로 출발합니다. 오전 중에 여수행 기차는 모두 몇 대 출발합니까?

출발	도착
6 : 40	9 : 40
7 : 50	10 : 50
⋮	⋮

• 기차의 출발 간격을 알아보면

첫 번째 기차
6시 40분 → ☐ 시간 ☐ 분 후 → 두 번째 기차
7시 50분

• 기차의 출발 시각을 순서대로 알아보면

6시 40분, 7시 50분, 9시, ☐ 시 ☐ 분, ☐ 시 ☐ 분,

☐ 시 ☐ 분, ……

➡ 오전은 낮 12시까지이므로 기차는 오전 중에 모두 ☐ 대 출발합니다.

 ☐ 대

4

어느 고속버스 터미널에서 광주까지 가는 버스의 첫차 출발 시각은 오전 5시 50분이고, 그 후로 같은 시간 간격으로 출발합니다. 오전 중에 광주행 버스는 모두 몇 대 출발합니까?

출발	도착
5 : 50	9 : 40
7 : 40	11 : 30
⋮	⋮

5

1시간에 1분씩 빨라지는 시계가 있습니다. 이 시계의 시각을 오전 8시에 정확하게 맞추었습니다. 같은 날 낮 12시에 이 시계가 가리키는 시각은 몇 시 몇 분입니까?

문제 이해하기

• 오전 8시부터 같은 날 낮 12시까지는 ☐ 시간입니다.

• 이 시계는 한 시간 동안 1분씩 더 가므로

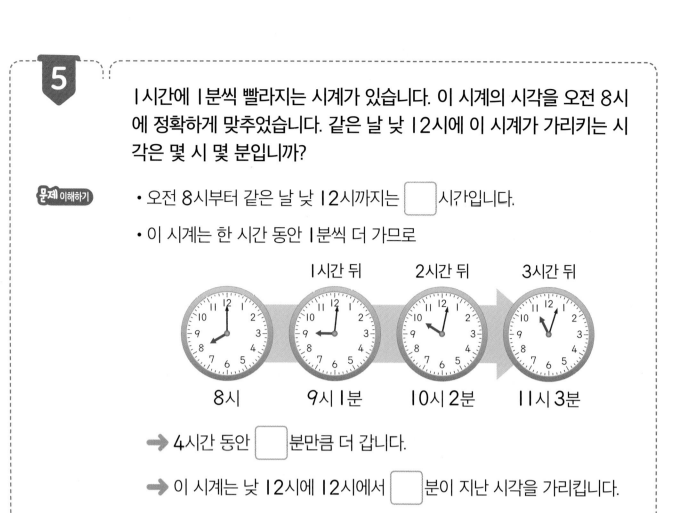

| 1시간 뒤 | 2시간 뒤 | 3시간 뒤 |

8시   9시 1분   10시 2분   11시 3분

➡ 4시간 동안 ☐ 분만큼 더 갑니다.

➡ 이 시계는 낮 12시에 12시에서 ☐ 분이 지난 시각을 가리킵니다.

답구하기 ☐ 시 ☐ 분

6

1시간에 1분씩 빨라지는 시계가 있습니다. 이 시계의 시각을 오전 6시에 정확하게 맞추었습니다. 같은 날 오후 3시에 이 시계가 가리키는 시각은 몇 시 몇 분입니까?

문제 이해하기

답구하기

재미있는 수학 놀이터

시곗바늘 타임머신

시곗바늘을 거꾸로 돌리면 과거로 가는 상상의 타임머신이 있어요. 친구들이 원하는 시간으로 돌아가려면 시곗바늘을 거꾸로 몇 바퀴 돌려야 할까요? 알맞게 써 보세요.

나는 5시간 전으로 가서 아이스크림을 다시 먹을래.
→ 긴바늘을 거꾸로 ☐ 바퀴

나는 하루 전으로 가서 축구 결승전을 다시 하고 싶어.
→ 짧은바늘을 거꾸로 ☐ 바퀴

나는 이틀 전으로 돌아갈래. 개학하기 전으로!
→ 짧은바늘을 거꾸로 ☐ 바퀴

교과서 시각과 시간

달력 알아보기 ❶

- 1주일은 요일의 순서와 상관없이 7일입니다.
- 1년은 12개월입니다.

일	월	화	수	목	금	토
					1	2
3	4	5	6	7	8	9	← 일주일
10	11	12	13	14	15	16
17	18	19	20	21	22	23
24	25	26	27	28	29	30

실력 확인하기

빈칸에 알맞은 수를 써넣으시오.

1 1주일 = ☐ 일

2 2주일 = ☐ 일

3 28일 = ☐ 주일

4 21일 = ☐ 주일

5 1년 = ☐ 개월

6 2년 = ☐ 개월

7 36개월 = ☐ 년

8 20개월 = ☐ 년 ☐ 개월

1

식목일로부터 23일 후는 며칠이고 무슨 요일입니까?

4월

일	월	화	수	목	금	토
		1	2	3	4	⑤
6	7	8	9	10	11	12
13	14	15	16	17	18	19
20	21	22	23	24	25	26
27	28	29	30			

1주일은 7일이고, 같은 요일은 7일마다 반복돼.

문제 이해하기

· 23일 = ☐ 주 + ☐ 일

· 4월 5일로부터 3주 후 ➡ 4월 ☐ 일, ☐ 요일

· 4월 5일로부터 23일 후 ➡ 4월 ☐ 일, ☐ 요일

답 구하기 4월 ☐ 일, ☐ 요일

2

개천절로부터 17일 후는 며칠이고 무슨 요일입니까?

10월

일	월	화	수	목	금	토
	1	2	③	4	5	6
7	8	9	10	11	12	13
14	15	16	17	18	19	20
21	22	23	24	25	26	27
28	29	30	31			

문제 이해하기 · 17일 = 2주 + ☐ 일

· 10월 3일로부터 2주 후

➡ 10월 ☐ 일, ☐ 요일

· 10월 3일로부터 17일 후

➡ ☐ 월 ☐ 일, ☐ 요일

답 구하기 ☐ 월 ☐ 일, ☐ 요일

3

성탄절로부터 18일 전은 며칠이고 무슨 요일입니까?

12월

일	월	화	수	목	금	토
			1	2	3	4
5	6	7	8	9	10	11
12	13	14	15	16	17	18
19	20	21	22	23	24	㉕
26	27	28	29	30	31	

문제 이해하기 · 18일 = 2주 + ☐ 일

· 12월 25일로부터 2주 전

➡ 12월 ☐ 일, ☐ 요일

· 12월 25일로부터 18일 전

➡ ☐ 월 ☐ 일, ☐ 요일

답 구하기 ☐ 월 ☐ 일, ☐ 요일

4

정우는 태권도 심사일까지 매주 월요일과 수요일에 연습을 하기로 했습니다. 태권도 심사일이 4월 셋째 토요일이라면 4월에 정우가 태권도 연습을 하는 날은 모두 며칠입니까?

			4월			
일	월	화	수	목	금	토
		1	2	3	4	5
6	7	8	9	10	11	12
13	14	15	16	17	18	19
20	21	22	23	24	25	26
27	28	29	30			

문제 이해하기

• 4월 셋째 토요일 ➡ ☐ 일

• 4월 셋째 토요일까지 월요일과 수요일을 모두 찾아보면

2일, ☐ 일, ☐ 일, ☐ 일, ☐ 일

답 구하기 ☐ 일

5

지은이는 합창 대회 날까지 매주 수요일과 금요일에 연습을 하기로 했습니다. 합창 대회가 4월 넷째 목요일이라면 4월에 지은이가 연습을 하는 날은 모두 며칠입니까? (단, 4월 달력은 **4** 의 달력과 같습니다.)

문제 이해하기

• 4월 넷째 목요일: ☐ 일

• 4월 넷째 목요일까지 수요일과 금요일을 모두 찾아보면

2일, 4일, ☐ 일, ☐ 일,

☐ 일, ☐ 일, ☐ 일

답 구하기 ☐ 일

6

은아는 매주 월요일에 도서관에 갑니다. 은아가 1월 한 달 동안 도서관에 가는 날은 모두 며칠입니까?

			1월			
일	월	화	수	목	금	토
				1	2	3
4	5	6	7	8	9	10

문제 이해하기

• 1월은 ☐ 일까지 있습니다.

• 1월 한 달 동안 월요일을 모두 찾아보면

5일, 12일, ☐ 일, ☐ 일

답 구하기 ☐ 일

정답 확인 오늘 나의 실력은? 부모님 확인

예림이의 생일은 언제일까요?

힌트를 읽고 예림이의 생일을 찾아 달력에 ○표 하세요.

- 예림이의 생일이 있는 달은 31일까지 있어요.
- 예림이의 생일이 있는 달은 토요일이 다섯 번 있어요.
- 예림이의 생일이 있는 달의 14일은 금요일이에요.
- 예림이의 생일은 그 달의 셋째 일요일이에요.

1월

일	월	화	수	목	금	토
			1	2	3	4
5	6	7	8	9	10	11
12	13	14	15	16	17	18
19	20	21	22	23	24	25
26	27	28	29	30	31	

2월

일	월	화	수	목	금	토
						1
2	3	4	5	6	7	8
9	10	11	12	13	14	15
16	17	18	19	20	21	22
23	24	25	26	27	28	29

3월

일	월	화	수	목	금	토
1	2	3	4	5	6	7
8	9	10	11	12	13	14
15	16	17	18	19	20	21
22	23	24	25	26	27	28
29	30	31				

4월

일	월	화	수	목	금	토
			1	2	3	4
5	6	7	8	9	10	11
12	13	14	15	16	17	18
19	20	21	22	23	24	25
26	27	28	29	30		

5월

일	월	화	수	목	금	토
					1	2
3	4	5	6	7	8	9
10	11	12	13	14	15	16
17	18	19	20	21	22	23
24	25	26	27	28	29	30
31						

6월

일	월	화	수	목	금	토
	1	2	3	4	5	6
7	8	9	10	11	12	13
14	15	16	17	18	19	20
21	22	23	24	25	26	27
28	29	30				

7월

일	월	화	수	목	금	토
			1	2	3	4
5	6	7	8	9	10	11
12	13	14	15	16	17	18
19	20	21	22	23	24	25
26	27	28	29	30	31	

8월

일	월	화	수	목	금	토
						1
2	3	4	5	6	7	8
9	10	11	12	13	14	15
16	17	18	19	20	21	22
23	24	25	26	27	28	29
30	31					

9월

일	월	화	수	목	금	토
	1	2	3	4	5	
6	7	8	9	10	11	12
13	14	15	16	17	18	19
20	21	22	23	24	25	26
27	28	29	30			

10월

일	월	화	수	목	금	토
				1	2	3
4	5	6	7	8	9	10
11	12	13	14	15	16	17
18	19	20	21	22	23	24
25	26	27	28	29	30	31

11월

일	월	화	수	목	금	토
1	2	3	4	5	6	7
8	9	10	11	12	13	14
15	16	17	18	19	20	21
22	23	24	25	26	27	28
29	30					

12월

일	월	화	수	목	금	토
	1	2	3	4	5	
6	7	8	9	10	11	12
13	14	15	16	17	18	19
20	21	22	23	24	25	26
27	28	29	30	31		

달력 알아보기 ②

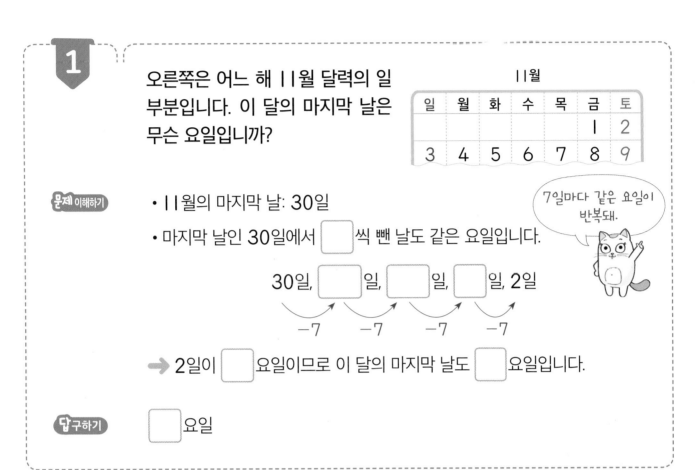

1 오른쪽은 어느 해 11월 달력의 일부분입니다. 이 달의 마지막 날은 무슨 요일입니까?

11월

일	월	화	수	목	금	토
					1	2
3	4	5	6	7	8	9

문제 이해하기

• 11월의 마지막 날: 30일

• 마지막 날인 30일에서 ☐씩 뺀 날도 같은 요일입니다.

30일, ☐일, ☐일, ☐일, 2일

−7   −7   −7   −7

7일마다 같은 요일이 반복돼.

➡ 2일이 ☐요일이므로 이 달의 마지막 날도 ☐요일입니다.

답 구하기 ☐요일

2 오른쪽은 어느 해 5월 달력의 일부분입니다. 이 달의 마지막 날은 무슨 요일입니까?

5월

일	월	화	수	목	금	토
			1	2	3	4
5	6			10	11

문제 이해하기

답 구하기

3 오른쪽은 벚꽃 축제를 알리는 포스터입니다. 벚꽃 축제를 하는 기간은 모두 며칠입니까?

기간: 3월 28일부터 4월 7일까지

문제 이해하기

• 3월은 ☐ 일까지 있습니다.

┌─── 3월의 축제 기간 ───┐   ┌─── 4월의 축제 기간 ───┐
│ 3월 28일 ~ 3월 ☐ 일 │ + │   4월 1일 ~ 4월 7일   │
│   ☐ 일   │   │   ☐ 일   │
└──────────────────────┘   └──────────────────────┘

➡ 축제를 하는 기간: ☐ 일 + ☐ 일 = ☐ 일

 ☐ 일

4 오른쪽은 도자기 축제를 알리는 포스터입니다. 도자기 축제를 하는 기간은 모두 며칠입니까?

기간: 9월 25일부터 10월 6일까지

문제 이해하기

5 준석이와 유정이 중 누가 태권도를 몇 개월 더 배웠습니까?

나는 1년 9개월 동안 배웠어.

나는 23개월 동안 배웠어.

준석   유정

문제 이해하기 태권도를 배운 기간을 몇 개월로 나타내어 비교해 보면

준석: 1년 9개월=1년+9개월=◻ 개월+9개월=◻ 개월

유정: 23개월

➡ (준석 , 유정)이가 23개월−◻ 개월=◻ 개월 더 배웠습니다.

답 구하기 ◻ , ◻ 개월

---

6 현지와 휘재 중 누가 수영을 몇 개월 더 배웠습니까?

나는 2년 6개월 동안 배웠어.

나는 25개월 동안 배웠어.

현지   휘재

문제 이해하기

답 구하기

정답 확인

오늘 나의 실력은?

부모님 확인

신기한 물약

마법사가 물약을 만들었어요. 물약들은 만든 날짜부터 물약 병에 적힌 시간만큼만 사용할 수 있어요. 2020년 7월에 온 손님에게 팔 수 없는 물약에 모두 ○표 하세요.

교과서 시각과 시간

단원 마무리

01 같은 시각을 나타내는 것끼리 이어 보시오.

6:09　9:16　6:19　9:06　6:45

02 거울에 비친 시계를 보았습니다. 이 시계가 나타내는 시각은 몇 시 몇 분입니까?

171

03 시계를 보고 잘못 말한 사람을 찾아 이름을 쓰시오.

> · 예진: 2시 50분이야.
> · 준영: 2시 10분 전이야.
> · 세희: 3시가 되려면 10분이 더 지나야 해.

04 시계의 짧은바늘이 4에서 9까지 가는 동안에 긴바늘은 모두 몇 바퀴 돕니까?

05 효주가 책을 읽는 데 걸린 시간은 몇 시간 몇 분입니까?

시작한 시각

마친 시각

06 윤수네 가족의 여행 일정표를 보고 알맞은 말에 ○표 하시오.

첫째 날

시간	할 일
7:00 ~ 9:30	강릉으로 이동
9:30 ~ 10:30	아침 식사
10:30 ~ 12:00	오죽헌 구경
12:00 ~ 1:00	점심 식사
⋮	⋮

둘째 날

시간	할 일
7:00 ~ 8:00	아침 식사
8:00 ~ 10:00	바다에서 물놀이
⋮	⋮
4:00 ~ 5:30	수산 시장 구경
5:30 ~ 8:00	집으로 이동

• 윤수네 가족이 첫째 날 (오전 , 오후)에는 오죽헌을 구경하였습니다.

• 둘째 날 (오전 , 오후)에는 집으로 이동하였습니다.

07 오늘 아침 10시부터 비가 내리기 시작하여 저녁 6시 40분에 그쳤습니다. 비가 내린 시간을 구하시오.

08 지금은 8일 오후 5시입니다. 시계의 짧은바늘이 한 바퀴 돌면 며칠 몇 시인지 빈칸에 알맞은 수를 써넣고, 알맞은 말에 ○표 하시오.

⬚일 (오전 , 오후) ⬚시

09 민아와 현수 중 운동을 더 오래 한 사람은 누구입니까?

	운동을 시작한 시각	운동을 마친 시각
민아	2시 40분	4시 10분
현수	2시 20분	3시 40분

10 오른쪽은 어느 해 4월 달력의 일부분입니다. 이 달의 마지막 날은 무슨 요일입니까?

4월

일	월	화	수	목	금	토
			1	2	3	4
					10	11

MEMO

MEMO

하루 한장 쏙셈＋ 붙임딱지

하루의 학습이 끝날 때마다 붙임딱시를 붙여 바닷속 물고기를 꾸며 보아요!

문장제 해결력 강화

문제 해결의 길잡이

문해길 시리즈는

문장제 해결력을 키우는 상위권 수학 학습서입니다.

문해길은 8가지 문제 해결 전략을 익히며

수학 사고력을 향상하고,

수학적 성취감을 맛보게 합니다.

이런 성취감을 맛본 아이는

수학에 자신감을 갖습니다.

수학의 자신감, 문해길로 이루세요.

문해길 원리를 공부하고, 문해길 심화에 도전해 보세요!

원리로 닦은 실력이 심화에서 빛이 납니다.

문해길 원리	문해길 심화
문장제 해결력 강화	고난도 유형 해결력 완성
1~6학년 학기별 [총12책]	1~6학년 학년별 [총6책]

구성보기

원리 3-1   심화 3

미래엔 초등 도서 목록

초등 교과서 발행사 미래엔의 교재로
초등 시기에 길러야 하는 공부력을
강화해 주세요.

초등 공부의 핵심[CORE]를 탄탄하게 해 주는
슬림 & 심플한 교과 필수 학습서
[8책] 국어 3~6학년 학기별, [12책] 수학 1~6학년 학기별
[8책] 사회 3~6학년 학기별, [8책] 과학 3~6학년 학기별

초코 전과목 단원평가

빠르게 단원 핵심을 정리하고, 수준별 문제로 실전력을 키우는
교과 평가 대비 학습서
[8책] 3~6학년 학기별

문제 해결의 길잡이

원리 8가지 문제 해결 전략으로 문장제와 서술형 문제 정복
[12책] 1~6학년 학기별

심화 문장제 유형 정복으로 초등 수학 최고 수준에 도전
[6책] 1~6학년 학년별

초등 필수 어휘를 퍼즐로 재미있게 키우는 학습서
[3책] 사자성어, 속담, 맞춤법

하루한장 예비 초등

한글완성
초등학교 입학 전 한글 읽기·쓰기 동시에 끝내기
[3책] 기본 자모음, 받침, 복잡한 자모음

예비초등
기본 학습 능력을 향상하며 초등학교 입학을 준비하기
[4책] 국어, 수학, 통합교과, 학교생활

하루한장 독해

독해 시작편
초등학교 입학 전 기본 문해력 익히기 30일 완성
[2책] 문장으로 시작하기, 짧은 글 독해하기

어휘
문해력의 기초를 다지는 초등 필수 어휘 학습서
[6책] 1~6단계

독해
국어 교과서와 연계하여 문해력의 기초를 다지는 독해 기본서
[6책] 1~6단계

독해+플러스
본격적인 독해 훈련으로 문해력을 향상시키는 독해 실전서
[6책] 1~6단계

비문학 독해 (사회편·과학편)
비문학 독해로 배경지식을 확장하고 문해력을 완성시키는
독해 심화서
[사회편 6책, 과학편 6책] 1~6단계

바른답·알찬풀이

4권 | 초등 수학 2-2

Mirae N 에듀

바른답·알찬풀이로

문제를 이해하고 식을 세우는 과정을 확인하여

문제 해결력과 연산 응용력을 높여요!

1주 1일

교과서 네 자리 수

천, 몇천 알아보기 ❶

공부한 날
월 일

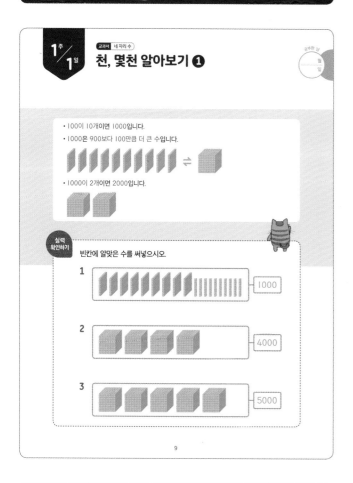

- 100이 10개이면 1000입니다.
- 1000은 900보다 100만큼 더 큰 수입니다.
- 1000이 2개이면 2000입니다.

실력 확인하기

빈칸에 알맞은 수를 써넣으시오.

1   1000

2   4000

3   5000

9

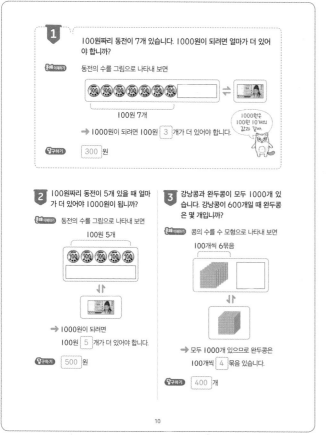

1 100원짜리 동전이 7개 있습니다. 1000원이 되려면 얼마가 더 있어야 합니까?

문제 이해하기   동전의 수를 그림으로 나타내 보면

100원 7개

→ 1000원이 되려면 100원 3 개가 더 있어야 합니다.

1000원은 100원 10개와 값이 같아.

답구하기   300 원

2 100원짜리 동전이 5개 있을 때 얼마가 더 있어야 1000원이 됩니까?

문제 이해하기   동전의 수를 그림으로 나타내 보면

100원 5개

→ 1000원이 되려면
100원 5 개가 더 있어야 합니다.

답구하기   500 원

3 강낭콩과 완두콩이 모두 1000개 있습니다. 강낭콩이 600개일 때 완두콩은 몇 개입니까?

문제 이해하기   콩의 수를 수 모형으로 나타내 보면

100개씩 6묶음

→ 모두 1000개이므로 완두콩은
100개씩 4 묶음 있습니다.

답구하기   400 개

10

4 빨대가 한 통에 100개씩 들어 있습니다. 한 상자에 빨대를 10통씩 담는다면 두 상자에 들어 있는 빨대는 모두 몇 개입니까?

문제 이해하기   빨대의 수를 그림으로 나타내 보면

1000 개

1000 개

- 한 상자에 들어 있는 빨대 수: 100개씩 10통 ➡ 1000 개
- 두 상자에 들어 있는 빨대 수: 1000 개씩 2묶음 ➡ 2000 개

답구하기   2000 개

5 100원짜리 동전을 10개씩 쌓아 탑 모양을 만들었습니다. 탑 모양 3개를 만들려면 모두 얼마가 필요합니까?

문제 이해하기   동전의 수를 그림으로 나타내 보면

- 하나의 탑에 쌓은 동전:
100원 10개 1000 원
- 3개의 탑에 쌓은 동전:
1000원씩 3묶음 3000 원

답구하기   3000 원

6 감을 한 트럭에 1000개씩 실으려고 합니다. 감 4000개를 실으려면 트럭이 몇 대 필요합니까?

문제 이해하기   감의 수를 수 모형으로 나타내 보면

4000개

감의 수: 1000개씩 4 묶음

➡ 4000개를 1000개씩 실으려면 트럭이 4 대 필요합니다.

답구하기   4 대

11

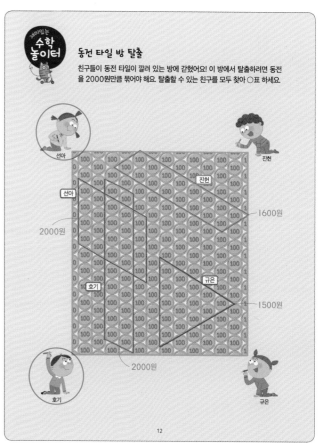

수학 놀이터

동전 타일 방 탈출

친구들이 동전 타일이 깔려 있는 방에 갇혔어요! 이 방에서 탈출하려면 동전을 2000원만큼 묶어야 해요. 탈출할 수 있는 친구를 모두 찾아 ○표 하세요.

선아
진헌
2000원
1600원
호기
규은
2000원
1500원

12

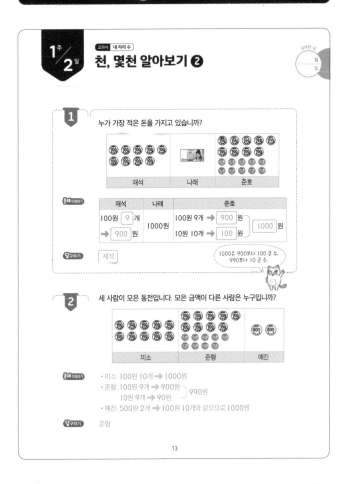

1 / 2일

교과서 네 자리 수

천, 몇천 알아보기 ❷

1 누가 가장 적은 돈을 가지고 있습니까?

재석	나래	준호
100원 9 개	1000원	100원 9개 ➡ 900 원
➡ 900 원		10원 10개 ➡ 100 원
		1000 원

답구하기 재석

1000은 900보다 100 큰 수.
990보다 10 큰 수.

2 세 사람이 모은 동전입니다. 모은 금액이 다른 사람은 누구입니까?

미소	준형	예진

· 미소: 100원 10개 ➡ 1000원
· 준형: 100원 9개 ➡ 900원 ⎤ 990원
　　　 10원 9개 ➡ 90원 ⎦
· 예진: 500원 2개 ➡ 100원 10개와 같으므로 1000원

답구하기 준형

13

3 클립이 한 상자에 100개씩 들어 있습니다. 20상자에 들어 있는 클립은 모두 몇 개입니까?

20상자는 10상자씩 2묶음.

클립의 수를 그림으로 나타내 보면

20상자

· 10상자에 들어 있는 클립 수: 100개씩 10상자 ➡ 1000 개
· 20상자에 들어 있는 클립 수: 1000 개씩 2묶음 ➡ 2000 개

답구하기 2000 개

4 이쑤시개가 한 상자에 100개씩 들어 있습니다. 40상자에 들어 있는 이쑤시개는 모두 몇 개입니까?

· 40상자는 10상자씩 4묶음.
· 10상자에 들어 있는 이쑤시개 수: 100개씩 10상자 ➡ 1000개
· 40상자에 들어 있는 이쑤시개 수: 1000개씩 4묶음 ➡ 4000개

답구하기 4000개

14

5 3000원을 모두 100원짜리 동전으로 바꾸면 100원짜리 동전 몇 개가 됩니까?

3000원은 1000원짜리 3장의 값과 같아.

동전의 수를 그림으로 나타내 보면

· 1000원 ➡ 100원짜리 동전 10 개
· 3000원 ➡ 100원짜리 동전 30 개

답구하기 30 개

6 7000원을 모두 100원짜리 동전으로 바꾸면 100원짜리 동전 몇 개가 됩니까?

· 7000원은 1000원짜리 지폐 7장
· 1000원 ➡ 100원짜리 동전 10개
· 7000원 ➡ 100원짜리 동전 70개

답구하기 70개

15

재미있는 **수학 놀이터**

빙수를 먹어요

친구들이 고른 빙수는 얼마일까요? 내야 하는 금액만큼 지갑 속의 돈을 색칠하세요.

초콜릿 빙수 3500원
녹차 빙수 4000원
딸기 빙수 4500원

녹차 빙수 한 개 주세요!

초콜릿 빙수 한 개랑 딸기 빙수 한 개 주세요.

16

네 자리 수 알아보기

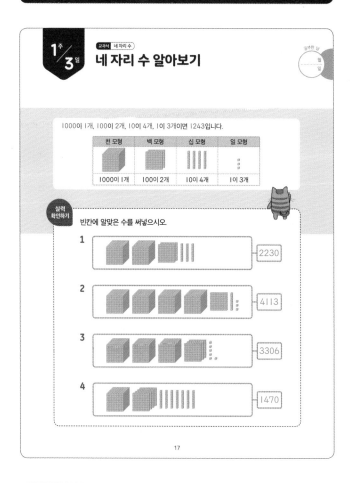

1000이 1개, 100이 2개, 10이 4개, 1이 3개이면 1243입니다.

천 모형	백 모형	십 모형	일 모형
1000이 1개	100이 2개	10이 4개	1이 3개

실력 확인하기

빈칸에 알맞은 수를 써넣으시오.

1 2230

2 4113

3 3306

4 1470

17

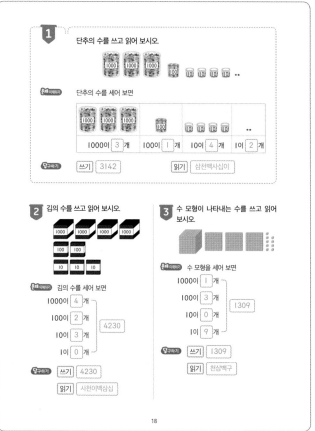

1 단추의 수를 쓰고 읽어 보시오.

단추의 수를 세어 보면

| 1000이 3개 | 100이 1개 | 10이 4개 | 1이 2개 |

쓰기 3142   읽기 삼천백사십이

2 칩의 수를 쓰고 읽어 보시오.

칩의 수를 세어 보면

1000이 4개
100이 2개
10이 3개
1이 0개
4230

쓰기 4230
읽기 사천이백삼십

3 수 모형이 나타내는 수를 쓰고 읽어 보시오.

수 모형을 세어 보면

1000이 1개
100이 3개
10이 0개
1이 9개
1309

쓰기 1309
읽기 천삼백구

18

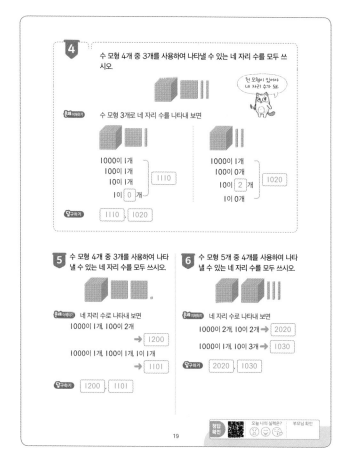

4 수 모형 4개 중 3개를 사용하여 나타낼 수 있는 네 자리 수를 모두 쓰시오.

수 모형 3개로 네 자리 수를 나타내 보면

1000이 1개
100이 1개
10이 1개
1이 0개
1110

1000이 1개
100이 0개
10이 2개
1이 0개
1020

1110 , 1020

5 수 모형 4개 중 3개를 사용하여 나타낼 수 있는 네 자리 수를 모두 쓰시오.

네 자리 수로 나타내 보면
1000이 1개, 100이 2개
➡ 1200

1000이 1개, 100이 1개, 1이 1개
➡ 1101

1200 , 1101

6 수 모형 5개 중 4개를 사용하여 나타낼 수 있는 네 자리 수를 모두 쓰시오.

네 자리 수로 나타내 보면
1000이 2개, 10이 2개 ➡ 2020

1000이 1개, 100이 3개 ➡ 1030

2020 , 1030

19

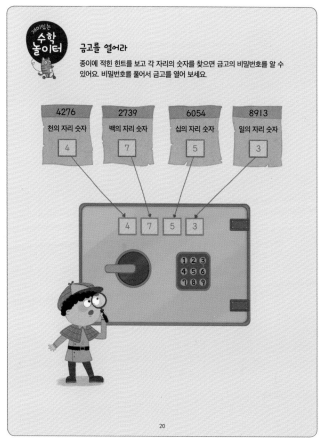

금고를 열어라

종이에 적힌 힌트를 보고 각 자리의 숫자를 찾으면 금고의 비밀번호를 알 수 있어요. 비밀번호를 풀어서 금고를 열어 보세요.

4276	2739	6054	8913
천의 자리 숫자	백의 자리 숫자	십의 자리 숫자	일의 자리 숫자
4	7	5	3

4 7 5 3

20

1주 4일 | 교과서 네 자리 수
자릿값 알아보기 ❶

| 7 | 7 | 7 | 7 | 7777 = 7000 + 700 + 70 + 7 |

7	0	0	0	7은 천의 자리 숫자이고, 7000을 나타냅니다.
	7	0	0	7은 백의 자리 숫자이고, 700을 나타냅니다.
		7	0	7은 십의 자리 숫자이고, 70을 나타냅니다.
			7	7은 일의 자리 숫자이고, 7을 나타냅니다.

실력 확인하기

밑줄 친 숫자가 나타내는 값에 ○표 하시오.

1 3269 → ③000 300 30 3

2 5873 → 8000 800 80 8

3 7512 → 5000 ⑤00 50 5

4 4359 → 9000 900 90 ⑨

5 1846 → 4000 400 ④0 4

6 2968 → ②000 200 20 2

21

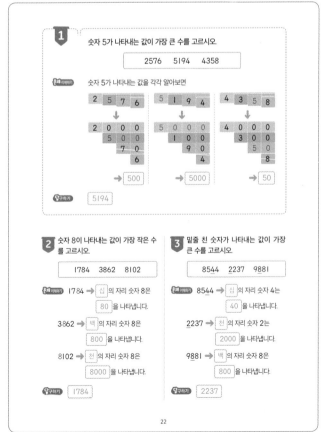

1 숫자 5가 나타내는 값이 가장 큰 수를 고르시오.

2576   5194   4358

문제 이해하기 숫자 5가 나타내는 값을 각각 알아보면

2	5	7	6		5	1	9	4		4	3	5	8
2	0	0	0		5	0	0	0		4	0	0	0
	5	0	0			1	0	0			3	0	0
		7	0				9	0				5	0
			6					4					8
→ 500					→ 5000					→ 50			

답구하기 5194

2 숫자 8이 나타내는 값이 가장 작은 수를 고르시오.

1784   3862   8102

문제 이해하기 1784 → 십 의 자리 숫자 8은 80 을 나타냅니다.

3862 → 백 의 자리 숫자 8은 800 을 나타냅니다.

8102 → 천 의 자리 숫자 8은 8000 을 나타냅니다.

답구하기 1784

3 밑줄 친 숫자가 나타내는 값이 가장 큰 수를 고르시오.

8544   2237   9881

문제 이해하기 8544 → 십 의 자리 숫자 4는 40 을 나타냅니다.

2237 → 천 의 자리 숫자 2는 2000 을 나타냅니다.

9881 → 백 의 자리 숫자 8은 800 을 나타냅니다.

답구하기 2237

22

4 1342를 ■▲▲▲●●●●◆◆와 같이 나타냈습니다. 같은 방법으로 나타낸 ■■▲▲▲▲▲●는 얼마입니까?

문제 이해하기 1342에서 각 모양이 얼마를 나타내는지 알아보면

1000이 1개	■가 1 개		■는 1000
100이 3개	▲가 3 개	→	▲는 100
10이 4개	●가 4 개		●는 10
1이 2개	◆가 2 개		◆는 1

을 나타냅니다.

→ ■■▲▲▲▲▲●가 나타내는 수는 1000 이 2개, 100 이 6개, 10 이 1개인 수

답구하기 2610

5 3215를 ☆☆☆♡□○○○○○와 같이 나타냈습니다. 같은 방법으로 나타낸 ☆☆☆☆□□□는 얼마입니까?

문제 이해하기 3215는 1000이 3개, 100이 2개, 10이 1개, 1이 5개인 수이므로

☆은 1000, ♡는 100 , □는 10 , ○는 1 을 나타냅니다.

→ ☆☆☆☆□□□가 나타내는 수는 1000 이 4개, 10 이 3개인 수

답구하기 4030

6 1423을 ◆▲▲▲▲♥♥★★★과 같이 나타낼 때, 5020을 같은 방법으로 나타내 보시오.

문제 이해하기 1423은 1000이 1개, 100이 4개, 10이 2개, 1이 3개인 수이므로

◆는 1000, ▲는 100 ,

♥는 10 , ★은 1 을 나타냅니다.

→ 5020은 1000이 5개, 10이 2개인 수이므로 ◆ 5개, ♥ 2개로 나타냅니다.

답구하기 ◆◆◆◆◆♥♥

23

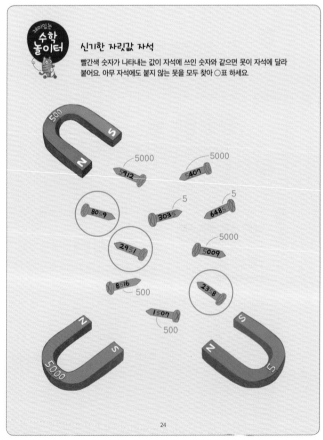

재미있는 수학 놀이터

신기한 자릿값 자석

빨간색 숫자가 나타내는 값이 자석에 쓰인 숫자와 같으면 못이 자석에 달라붙어요. 아무 자석에도 붙지 않는 못을 모두 찾아 ○표 하세요.

24

1주 / 5일

교과서 네 자리 수

자릿값 알아보기 ❷

1 수 카드 4장을 한 번씩 사용하여 백의 자리 숫자가 300, 십의 자리 숫자가 70을 나타내는 네 자리 수를 모두 만들어 보시오.

3 7 5 9

문제 이해하기
• 백의 자리 숫자가 300, 십의 자리 숫자가 70을 나타내는 네 자리 수
→ ▢ 3 7 ▢
• 천의 자리나 일의 자리에 올 수 있는 숫자는 5 , 9 이므로

천	백	십	일
5	3	7	9
9	3	7	5

답구하기 5379 , 9375

2 수 카드 4장을 한 번씩 사용하여 천의 자리 숫자가 6000, 십의 자리 숫자가 80을 나타내는 네 자리 수를 모두 만들어 보시오.

8 2 5 6

문제 이해하기
• 천의 자리 숫자가 6000, 십의 자리 숫자가 80을 나타내는 네 자리 수
→ 6▢8▢
• 백의 자리나 일의 자리에 올 수 있는 숫자는 2, 5이므로 만들 수 있는 수는 6285, 6582입니다.

답구하기 6285, 6582

25

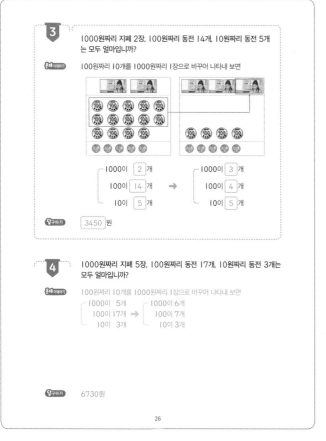

3 1000원짜리 지폐 2장, 100원짜리 동전 14개, 10원짜리 동전 5개는 모두 얼마입니까?

문제 이해하기
100원짜리 10개를 1000원짜리 1장으로 바꾸어 나타내 보면

1000이 2 개 → 1000이 3 개
100이 14 개 → 100이 4 개
10이 5 개 → 10이 5 개

답구하기 3450 원

4 1000원짜리 지폐 5장, 100원짜리 동전 17개, 10원짜리 동전 3개는 모두 얼마입니까?

문제 이해하기
100원짜리 10개를 1000원짜리 1장으로 바꾸어 나타내 보면
1000이 5개 → 1000이 6개
100이 17개 → 100이 7개
10이 3개 → 10이 3개

답구하기 6730원

26

5 동전 4개 중 3개를 사용하여 나타낼 수 있는 네 자리 수를 모두 쓰시오.

문제 이해하기
• 500원 2개 → 100원 10개와 같으므로 1000 원
• 동전 3개를 골라 네 자리 수를 만들어 보면

500 이 2개 → 1000 이 1개
100 이 1개 → 100 이 1개

500 이 2개 → 1000 이 1개
10 이 1개 → 10 이 1개

답구하기 1100 , 1010

6 동전 5개 중 4개를 사용하여 나타낼 수 있는 네 자리 수를 모두 쓰시오.

문제 이해하기
동전 4개를 골라 네 자리 수를 만들어 보면

500이 3개 → 1000이 1개
100이 1개 → 100이 6개
→ 1600

500이 2개 → 1000이 1개
100이 2개 → 100이 2개
→ 1200

답구하기 1600, 1200

27

재미있는 수학 놀이터

어디로 가야 할까요?

갈림길에 표지판이 있네요. 밑줄 친 수가 나타내는 값에 모두 색칠하면 어느 방향으로 가야 할지 알 수 있어요.

3682 2234 6471 5796
1645 4573 9138

1	10	100	1000
2	20	200	2000
3	30	300	3000
4	40	400	4000
5	50	500	5000
6	60	600	6000
7	70	700	7000
8	80	800	8000
9	90	900	9000

28

2주/1일

교과서 네 자리 수

뛰어 세기 ❶

- 1000씩 뛰어 세면 천의 자리 수가 1씩 커집니다.

| 1111 | 2111 | 3111 | 4111 | 5111 | 6111 | 7111 |

- 100씩 뛰어 세면 백의 자리 수가 1씩 커집니다.

| 1111 | 1211 | 1311 | 1411 | 1511 | 1611 | 1711 |

실력 확인하기

뛰어 세어 빈칸에 알맞은 수를 써넣으시오.

1 | 1200 | 2200 | 3200 | 4200 | 5200 | 6200 |

2 | 2107 | 2207 | 2307 | 2407 | 2507 | 2607 |

3 | 6023 | 6024 | 6025 | 6026 | 6027 | 6028 |

4 | 1915 | 1925 | 1935 | 1945 | 1955 | 1965 |

29

1
공장에 연필이 5272자루 있습니다. 내일부터 하루에 100자루씩 더 생산한다면 5일 후에 모두 몇 자루가 됩니까?

문제 이해하기
100자루씩 5일 더 생산하므로
5272부터 100 씩 5 번 뛰어 세면

| 5272 | 5372 | 5472 | 5572 | 5672 | 5772 |

100씩 뛰어 세면 백의 자리 수가 1씩 커져요.

답구하기 5772 자루

2
수아가 오늘까지 종이학을 1036개 접었습니다. 수아가 접은 종이학은 6일 후에 모두 몇 개가 됩니까?

내일부터 하루에 10개씩 접을 거야. 수아

문제 이해하기
10개씩 6일 더 접으므로
1036부터 10 씩 6 번 뛰어 세면

| 1036 | 1046 | 1056 |
| 1066 | 1076 | 1086 |
| 1096 |

답구하기 1096 개

3
재경이가 3월까지 2850원을 모았습니다. 재경이가 10월까지 모은 돈은 모두 얼마가 됩니까?

4월부터 10월까지 한 달에 1000원씩 모을 거야. 재경

문제 이해하기
1000원씩 7 달 동안 더 모으므로
2850부터 1000 씩 7 번 뛰어 세면

2850	3850	4850
5850	6850	7850
8850	9850

답구하기 9850 원

30

4
㉠에 알맞은 수를 구하시오.

| 2654 | 2754 | 2854 | | | | ㉠ |

문제 이해하기
2654-2754 2854로 백 의 자리 수가 1씩 커지므로
100 씩 뛰어 센 것입니다.

➡ ㉠은 2854부터 100 씩 3 번 뛰어 센 수

| 2654 | 2754 | 2854 | 2954 | 3054 | 3154 |

답구하기 3154

5 ★에 알맞은 수를 구하시오.

| 2045 | 3045 | 4045 |
| | | ★ |

문제 이해하기 2045-3045 4045로
천 의 자리 수가 1씩 커지므로
1000 씩 뛰어 센 것입니다.

➡ ★은 4045부터
1000 씩 3 번 뛰어 센 수

| 4045 | 5045 | 6045 |
| 7045 |

답구하기 7045

6 ㉠에 알맞은 수를 구하시오.

| 9562 | 9572 | 9582 |
| | ㉠ |

문제 이해하기 9562-9572-9582로
십 의 자리 수가 1씩 커지므로
10 씩 뛰어 센 것입니다.

➡ ㉠은 9582부터
10 씩 2 번 뛰어 센 수

| 9582 | 9592 | 9602 |

답구하기 9602

31

게임있는 수학 놀이터

맛있는 빵을 잘라요

갓 구운 빵을 도마 위에 올렸어요. 모든 조각에 네 자리 수가 생기도록 빵을 잘라 보세요. 그리고 빵 조각에 쓰인 네 자리 수가 몇씩 늘어나고 있는지 빈칸에 써 보세요.

| 1243 | 1343 | 1443 | 1543 | 1643 | 1743 |

100 씩

| 3421 | 4421 | 5421 | 6421 | 7421 | 8421 |

1000 씩

| 9627 | 9637 | 9647 | 9657 | 9667 | 9677 |

10 씩

32

6

2주 2일 교과서 네 자리 수

뛰어 세기 ❷

공부한 날
월 일

1 수환이가 종이별을 1500개 접으려고 합니다. 오늘까지 1460개를 접었고 내일부터 하루에 10개씩 접는다면 1500개를 접는 데 며칠이 더 걸립니까?

문제 이해하기 종이별을 하루에 10개씩 접으므로

1500 이 될 때까지 1460부터 10 씩 뛰어 세면

1460 ─ 1470 ─ 1480 ─ 1490 ─ 1500

➡ 4 번 뛰어 세었으므로 1500개를 접는 데 4 일이 더 걸립니다.

답구하기 4 일

2 로희가 9500원짜리 동화책을 사려고 합니다. 로희는 지금 3500원을 가지고 있고 심부름을 한 번 할 때마다 용돈을 1000원씩 받는다면 심부름을 몇 번 해야 동화책을 살 수 있습니까?

문제 이해하기 심부름을 한 번 할 때마다 1000원씩 받으므로
9500이 될 때까지 3500부터 1000씩 뛰어 세면

3500 ─ 4500 ─ 5500 ─ 6500 ─ 7500 ─ 8500 ─ 9500

➡ 6번 뛰어 세었으므로 동화책을 사려면 심부름을 6번 해야 합니다.

답구하기 6번

33

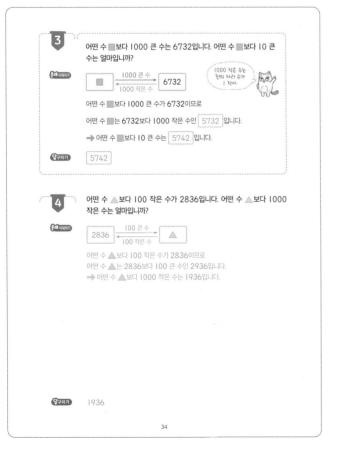

3 어떤 수 ■보다 1000 큰 수는 6732입니다. 어떤 수 ■보다 10 큰 수는 얼마입니까?

문제 이해하기

■ ── 1000 큰 수 ── 6732
  ← 1000 작은 수 ──

1000 작은 수는 천의 자리 수가 1 작아.

어떤 수 ■보다 1000 큰 수가 6732이므로

어떤 수 ■는 6732보다 1000 작은 수인 5732 입니다.

➡ 어떤 수 ■보다 10 큰 수는 5742 입니다.

답구하기 5742

4 어떤 수 ▲보다 100 작은 수가 2836입니다. 어떤 수 ▲보다 1000 작은 수는 얼마입니까?

문제 이해하기

2836 ── 100 큰 수 ── ▲
  ← 100 작은 수 ──

어떤 수 ▲보다 100 작은 수가 2836이므로
어떤 수 ▲는 2836보다 100 큰 수인 2936입니다.
➡ 어떤 수 ▲보다 1000 작은 수는 1936입니다.

답구하기 1936

34

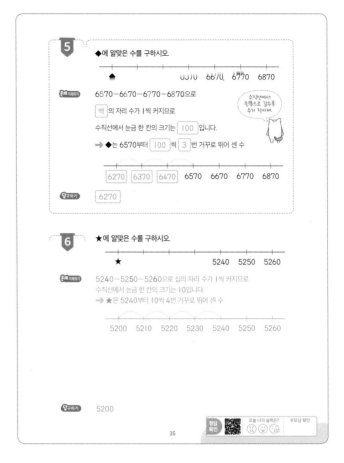

5 ◆에 알맞은 수를 구하시오.

6570 6670 6770 6870

6570-6670-6770-6870으로

백 의 자리 수가 1씩 커지므로

수직선에서 눈금 한 칸의 크기는 100 입니다.

➡ ◆는 6570부터 100 씩 3 번 거꾸로 뛰어 센 수

6270 6370 6470 6570 6670 6770 6870

수직선에서 왼쪽으로 갈수록 수가 작아져.

답구하기 6270

6 ★에 알맞은 수를 구하시오.

★   5240 5250 5260

5240-5250-5260으로 십의 자리 수가 1씩 커지므로
수직선에서 눈금 한 칸의 크기는 10입니다.
➡ ★은 5240부터 10씩 4번 거꾸로 뛰어 센 수

5200 5210 5220 5230 5240 5250 5260

답구하기 5200

35

재미있는 **수학 놀이터**

아이스크림을 사요

윤서가 용돈으로 천 원짜리 세 장을 받았어요 윤서가 고른 아이스크림을 모두 사면 용돈은 얼마가 남을까요? 거꾸로 뛰어 세며 알아보고, 빈칸에 써 보세요.

딸기콘 500원
녹차 빙수 400원
아이스 찰쌀떡 800원

초코바 1000원

1000원 1000원

초코바 하나랑 딸기콘 두 개, 그리고 녹차 빙수 하나를 사면
600 원이 남네. 400원

• 윤서의 용돈: 3000원

36

7

2주 3일 수의 크기 비교하기 ❶

교과서 네 자리 수

두 수의 크기를 비교할 때는 천, 백, 십, 일의 자리 수를 차례로 비교합니다.

3468 > 3457

실력 확인하기

두 수의 크기를 비교하여 ○ 안에 > 또는 <를 알맞게 써넣으시오.

1 2624 ⟨<⟩ 3720

2 1562 ⟨>⟩ 1357

3 6892 ⟨<⟩ 6896

4 4730 ⟨<⟩ 4759

5 7871 ⟨<⟩ 9971

6 1853 ⟨>⟩ 1386

7 8235 ⟨<⟩ 8452

8 9317 ⟨>⟩ 9314

37

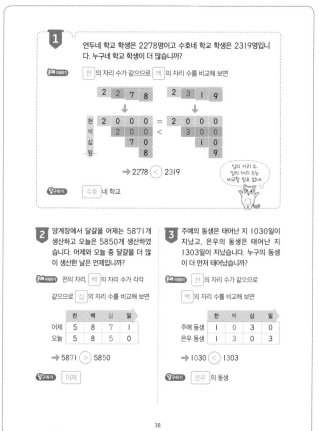

1 연두네 학교 학생은 2278명이고 수호네 학교 학생은 2319명입니다. 누구네 학교 학생이 더 많습니까?

문제 이해하기 천 의 자리 수가 같으므로 백 의 자리 수를 비교해 보면

➡ 2278 ⟨<⟩ 2319

구하기 수호 네 학교

2 양계장에서 달걀을 어제는 5871개 생산하고 오늘은 5850개 생산하였습니다. 어제와 오늘 중 달걀을 더 많이 생산한 날은 언제입니까?

문제 이해하기 천의 자리, 백 의 자리 수가 각각 같으므로 십 의 자리 수를 비교해 보면

	천	백	십	일
어제	5	8	7	1
오늘	5	8	5	0

➡ 5871 ⟨>⟩ 5850

구하기 어제

3 주예의 동생은 태어난 지 1030일이 지났고, 은우의 동생은 태어난 지 1303일이 지났습니다. 누구의 동생이 더 먼저 태어났습니까?

문제 이해하기 천 의 자리 수가 같으므로 백 의 자리 수를 비교해 보면

	천	백	십	일
주예 동생	1	0	3	0
은우 동생	1	3	0	3

➡ 1030 ⟨<⟩ 1303

구하기 은우 의 동생

38

4 다음 중 가격이 가장 싼 물건은 얼마입니까?

4700원   4250원   4900원

문제 이해하기 세 수의 천의 자리 수가 같으므로 백 의 자리 수를 비교하면

	천	백	십	일
	4	7	0	0
	4	2	5	0
	4	9	0	0

➡ 4250 ⟨<⟩ 4700 ⟨<⟩ 4900

구하기 4250 원

5 잎새 마을에 2803명, 이슬 마을에 2862명, 새싹 마을에 2836명이 살고 있습니다. 가장 많은 사람이 사는 마을을 쓰시오.

문제 이해하기 세 수의 천의 자리, 백의 자리 수가 각각 같으므로 십 의 자리 수를 비교해 보면

	천	백	십	일
잎새	2	8	0	3
이슬	2	8	6	2
새싹	2	8	3	6

➡ 2803 ⟨<⟩ 2836 ⟨<⟩ 2862

구하기 이슬 마을

6 진아는 6150원, 희태는 5840원, 승원이는 6500원을 가지고 있습니다. 돈을 가장 많이 가지고 있는 사람은 누구입니까?

문제 이해하기 • 세 수의 천의 자리 수를 비교해 보면 6>5이므로 가장 작은 수는

5840

• 천의 자리 수가 같은 두 수의 백의 자리 수를 비교하면

➡ 6150 ⟨<⟩ 6500

구하기 승원

39

재미있는 수학 놀이터

트리를 장식해요

이슬이가 트리를 장식하고 있네요. 두 개의 트리 장식 중 더 큰 수가 적힌 장식만 트리에 달 수 있어요. 완성된 트리에 ○표 하세요.

2754 < 3164

9678 < 9762

4517 > 4513

40

2주
4일

교과서 네 자리 수

수의 크기 비교하기 ②

1 수 카드 4장을 한 번씩만 사용하여 만들 수 있는 가장 큰 네 자리 수를 구하시오.

| 7 | 4 | 0 | 3 |

문제 이해하기

수 카드의 수의 크기를 비교해 보면 7 > 4 > 3 > 0

➡ 큰 수부터 천, 백, 십, 일의 자리에 차례로 놓으면

천	백	십	일
7	4	3	0

같은 수도 높은 자리에 있을수록 나타내는 값이 커.

답구하기 **7430**

2 수 카드 4장을 한 번씩만 사용하여 만들 수 있는 가장 작은 네 자리 수를 구하시오.

| 6 | 9 | 1 | 4 |

문제 이해하기

수 카드의 수의 크기를 비교해 보면 1 < 4 < 6 < 9

➡ 작은 수부터 천, 백, 십, 일의 자리에 차례로 놓으면

천	백	십	일
1	4	6	9

답구하기 **1469**

41

3 1부터 9까지의 수 중 □ 안에 들어갈 수 있는 수를 모두 쓰시오.

□854 < 3510

• 두 수의 천의 자리 수를 비교해 보면
  □854 < 3510
  ➡ □ 안에 3보다 (큰 , (작은)) 수가 들어가야 합니다.

• 만약 두 수의 천의 자리 수가 3으로 같다면
  3854 (>) 3510이 되므로
  ➡ □ 안에 3은 들어갈 수 (있습니다 , (없습니다)).

만약 천의 자리 수가 같다면 백의 자리 수를 비교해야 돼.

답구하기 **1 , 2**

4 0부터 9까지의 수 중 □ 안에 들어갈 수 있는 수를 모두 쓰시오.

82□4 > 8262

• 두 수의 천의 자리 수와 백의 자리 수가 각각 같으므로
  십의 자리 수를 비교해 보면
  82□4 > 8262
  ➡ □ 안에 6보다 큰 수가 들어가야 합니다.

• 만약 십의 자리 수가 6으로 같다면 8264 > 8262가 되므로
  ➡ □ 안에 6도 들어갈 수 있습니다.

답구하기 **6, 7, 8, 9**

42

5 다음에서 설명하는 네 자리 수를 모두 구하시오.

• 일의 자리 숫자는 5입니다.
• 2920보다 크고 2941보다 작습니다.

문제 이해하기

• 일의 자리 숫자는 5이므로 ➡ [ ][ ][ ][5]

• 2920보다 크고 2941보다 작으므로
  2920 < [2][9][ ][5] < 2941
  ➡ 십의 자리에 [2], [3]이 들어갈 수 있습니다.

답구하기 **2925 , 2935**

6 다음에서 설명하는 네 자리 수를 모두 구하시오.

• 십의 자리 숫자는 70을 나타냅니다.
• 일의 자리 숫자는 2입니다.
• 5519보다 크고 5736보다 작습니다.

문제 이해하기

• 십의 자리 숫자는 70을 나타내고, 일의 자리 숫자는 2이므로
  ➡ □□72

• 5519보다 크고 5736보다 작으므로
  5519 < 5□72 < 5736
  ➡ 백의 자리에 5, 6이 들어갈 수 있습니다.

답구하기 **5572, 5672**

43

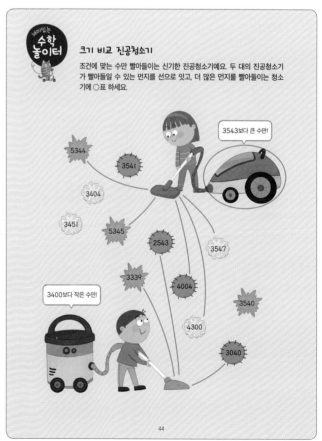

재미있는 수학 놀이터

크기 비교 진공청소기

조건에 맞는 수만 빨아들이는 신기한 진공청소기예요. 두 대의 진공청소기가 빨아들일 수 있는 먼지를 선으로 잇고, 더 많은 먼지를 빨아들이는 청소기에 ○표 하세요.

3543보다 큰 수만!

5344
3541
3404
3451
5345
2543
3547
3339
4004
3540
3400보다 작은 수만!
4300
3040

44

9

2/5일 교과서 네 자리 수

단원 마무리

공부한 날
월 일

01 색종이가 한 상자에 100장씩 2상자 있습니다. 색종이가 1000장이 되려면 몇 장 더 있어야 합니까?

문제 이해하기 색종이의 수를 수 모형으로 나타내 보면

➡ 1000장이 되려면 100장씩 8묶음 더 있어야 합니다.

답구하기 800장

02 준하는 과자를 사고 1000원짜리 지폐 2장, 100원짜리 동전 4개, 10원짜리 동전 5개를 냈습니다. 준하가 산 과자는 얼마입니까?

문제 이해하기
1000이 2개
100이 4개
10이 5개 } 2450
1이 0개

답구하기 2450원

03 이번 주 토요일에 미술관에 입장한 사람은 2756명이고, 일요일에 입장한 사람은 2591명입니다. 토요일과 일요일 중 미술관에 입장한 사람이 더 많은 날은 무슨 요일입니까?

문제 이해하기 천의 자리 수가 같으므로 백의 자리 수를 비교해 보면

	천	백	십	일
토요일	2	7	5	6
일요일	2	5	9	1

➡ 2756>2591

답구하기 토요일

45

단원 마무리

04 숫자 7이 나타내는 값이 가장 큰 수를 고르시오.

| 7524 | 9167 | 2738 |

문제 이해하기 숫자 7이 나타내는 값을 각각 알아보면
7524 ➡ 천의 자리 숫자 7은 7000을 나타냅니다.
9167 ➡ 일의 자리 숫자 7은 7을 나타냅니다.
2738 ➡ 백의 자리 숫자 7은 700을 나타냅니다.

답구하기 7524

05 사탕이 한 봉지에 100개씩 들어 있습니다. 50봉지에 들어 있는 사탕을 모두 꺼내서 한 바구니에 1000개씩 담으려면 바구니는 몇 개 필요합니까?

문제 이해하기
• 50봉지는 10봉지씩 5묶음
• 10봉지에 들어 있는 사탕 수: 100개씩 10봉지 ➡ 1000개
• 50봉지에 들어 있는 사탕 수: 1000개씩 5묶음 ➡ 5000개
➡ 5000개를 1000개씩 담으려면 바구니가 5개 필요합니다.

답구하기 5개

06 다음 수를 구하시오

| 1000이 5개, 100이 12개, 10이 17개, 1이 4개인 수 |

문제 이해하기
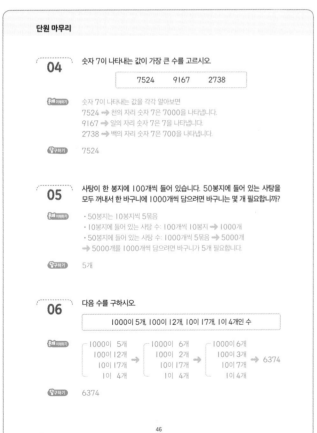

답구하기 6374

46

교과서 네 자리 수

07 윤수가 다음과 같이 뛰어 세었습니다. 같은 방법으로 4813부터 4번 뛰어 세면 얼마가 됩니까?

| 7392 |—| 7492 |—| 7592 |—| 7692 |—| 7792 |

문제 이해하기 7392-7492-7592-7692-7792로 백의 자리 수가 1씩 커지므로 100씩 뛰어 센 것입니다.
➡ 4813부터 100씩 4번 뛰어 세면

| 4813 |—| 4913 |—| 5013 |—| 5113 |—| 5213 |

답구하기 5213

08 어떤 수 ●보다 10 큰 수는 9425입니다. 어떤 수 ●보다 100 큰 수는 얼마입니까?

문제 이해하기

어떤 수 ●보다 10 큰 수가 9425이므로
어떤 수 ●는 9425보다 10 작은 수인 9415입니다.
➡ 어떤 수 ●보다 100 큰 수는 9515입니다.

답구하기 9515

47

단원 마무리

09 수 카드 4장을 각각 한 번씩만 사용하여 가장 큰 네 자리 수와 가장 작은 네 자리 수를 만들어 보시오.

| 2 | 1 | 9 | 5 |

문제 이해하기
• 수 카드의 수의 크기를 비교해 보면 1<2<5<9
• 가장 큰 네 자리 수: 큰 수부터 천, 백, 십, 일의 자리에 차례로 놓으면

천	백	십	일
9	5	2	1

• 가장 작은 네 자리 수: 작은 수부터 천, 백, 십, 일의 자리에 차례로 놓으면

천	백	십	일
1	2	5	9

답구하기 가장 큰 네 자리 수: 9521, 가장 작은 네 자리 수: 1259

10 □ 안에 들어갈 수 있는 수 중 가장 큰 수를 구하시오.

| 3□45<3509 |

문제 이해하기
• 두 수의 천의 자리 수가 같으므로 백의 자리 수를 비교해 보면
3□45<3509이므로 □ 안에 5보다 작은 수가 들어가야 합니다.
• 만약 백의 자리 수가 5로 같다면 3545>3509가 되므로
□ 안에 5는 들어갈 수 없습니다.
➡ 5보다 작은 수 중 가장 큰 수는 4입니다.

답구하기 4

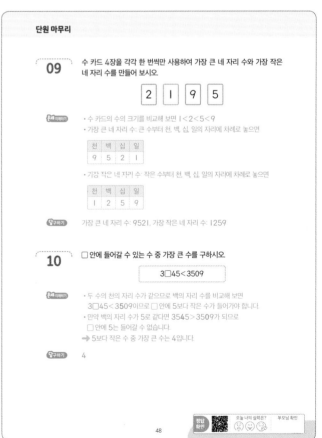

48

10

3주/1일 <교과서 곱셈구구> 2, 5단 곱셈구구 ❶

공부한 날
월 일

- 2단 곱셈구구에서 곱하는 수가 1씩 커지면 곱이 2씩 커집니다.
- 5단 곱셈구구에서 곱하는 수가 1씩 커지면 곱이 5씩 커집니다.

×	1	2	3	4	5	6	7	8	9
2	2	4	6	8	10	12	14	16	18
5	5	10	15	20	25	30	35	40	45

실력 확인하기

다음을 계산해 보시오.

1 2×4= 8

2 2×5= 10

3 2×7= 14

4 2×8= 16

5 5×1= 5

6 5×3= 15

7 5×6= 30

8 5×9= 45

51

1 한 접시에 찐빵이 2개씩 담겨 있습니다. 접시 5개에 담긴 찐빵은 모두 몇 개입니까?

문제 이해하기
- 접시가 1개씩 늘어날수록 찐빵은 2 개씩 많아집니다.
- 찐빵의 수: 2 씩 5 묶음

→ 2+ 2 + 2 + 2 + 2 = 10

식 세우기 2× 5 = 10

답 구하기 10 개

2 어항 한 개에 금붕어가 5마리씩 있습니다. 어항 3개에 있는 금붕어는 모두 몇 마리입니까?

문제 이해하기
- 어항이 1개씩 늘어날수록 금붕어는 5 마리씩 많아집니다.
- 금붕어의 수: 5 씩 3 묶음

→ 5+ 5 + 5 = 15

식 세우기 5× 3 = 15

답 구하기 15 마리

3 손수건을 한 상자에 2장씩 담았습니다. 4상자에 담은 손수건은 모두 몇 장입니까?

문제 이해하기
- 상자가 1개씩 늘어날수록 손수건은 2 장씩 많아집니다.
- 손수건의 수: 2 씩 4 묶음

→ 2+ 2 + 2 + 2 = 8

식 세우기 2× 4 = 8

답 구하기 8 장

52

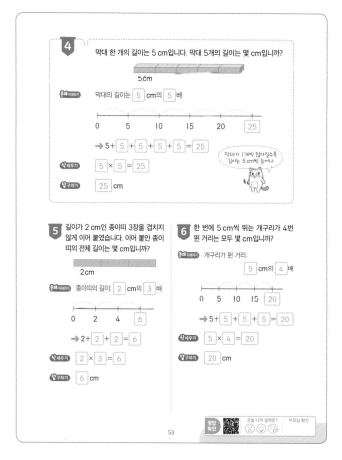

4 막대 한 개의 길이는 5 cm입니다. 막대 5개의 길이는 몇 cm입니까?

5cm

문제 이해하기 막대의 길이 5 cm의 5 배

0 5 10 15 20 25

→ 5+ 5 + 5 + 5 + 5 = 25

막대가 1개씩 많아질수록 길이는 5 cm씩 늘어나요.

식 세우기 5 × 5 = 25

답 구하기 25 cm

5 길이가 2 cm인 종이띠 3장을 겹치지 않게 이어 붙였습니다. 이어 붙인 종이띠의 전체 길이는 몇 cm입니까?

2cm

문제 이해하기 종이띠의 길이: 2 cm의 3 배

0 2 4 6

→ 2+ 2 + 2 = 6

식 세우기 2 × 3 = 6

답 구하기 6 cm

6 한 번에 5 cm씩 뛰는 개구리가 4번 뛴 거리는 모두 몇 cm입니까?

문제 이해하기 개구리가 뛴 거리: 5 cm의 4 배

0 5 10 15 20

→ 5+ 5 + 5 + 5 = 20

식 세우기 5 × 4 = 20

답 구하기 20 cm

53

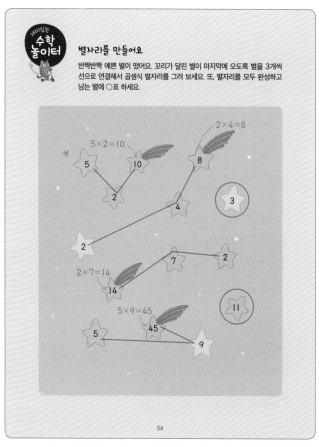

재미있는 수학 놀이터

별자리를 만들어요

반짝반짝 예쁜 별이 떴어요. 꼬리가 달린 별이 마지막에 오도록 별을 3개씩 선으로 연결해서 곱셈식 별자리를 그려 보세요. 또, 별자리를 모두 완성하고 남는 별에 ○표 하세요.

예 5×2=10
5 10
2

2×4=8
8
4

3

2

2×7=14
7 2
14

11

5×9=45
5 45
9

54

3주 2일

교과서 곱셈구구
2, 5단 곱셈구구 ❷

1 5×4를 나타내는 그림으로 옳지 않은 것을 골라 기호를 쓰시오.

그림을 각각 곱셈식으로 나타내 보면
ㄱ 구슬이 5개씩 3 묶음입니다. ➡ 5× 3
ㄴ 연결큐브가 5개씩 4 묶음입니다. ➡ 5× 4
ㄷ 모눈이 5칸씩 4 줄입니다. ➡ 5× 4

■씩 ▲묶음은 ■×▲ 로 나타낼 수 있어.

구하기 ㄱ

2 2×5를 나타내는 그림으로 옳지 않은 것을 골라 기호를 쓰시오

그림을 각각 곱셈식으로 나타내 보면
ㄱ 모눈이 2칸씩 5줄입니다. ➡ 2×5
ㄴ 양말이 2개씩 5묶음입니다. ➡ 2×5
ㄷ 구슬이 2개씩 6묶음입니다. ➡ 2×6

구하기 ㄷ

55

3 2단 곱셈구구의 곱을 모두 찾아 쓰시오.

| 9 | 14 | 15 | 8 | 18 |

• 2단 곱셈구구에서 곱하는 수가 1씩 커지면 곱은 2 씩 커집니다.
• 2단 곱셈구구를 떠올려 보면

×	1	2	3	4	5	6	7	8	9
2	2	4	6	8	10	12	14	16	18

+2 +2 +2 +2 +2 +2 +2 +2

구하기 14 , 8 , 18

2단 곱셈구구의 곱은 짝수야.

4 5단 곱셈구구의 곱을 모두 찾아 쓰시오.

| 14 | 10 | 25 | 36 | 40 |

• 5단 곱셈구구에서 곱하는 수가 1씩 커지면 곱은 5씩 커집니다.
• 5단 곱셈구구를 떠올려 보면

×	1	2	3	4	5	6	7	8	9
5	5	10	15	20	25	30	35	40	45

+5 +5 +5 +5 +5 +5 +5 +5

구하기 10, 25, 40

56

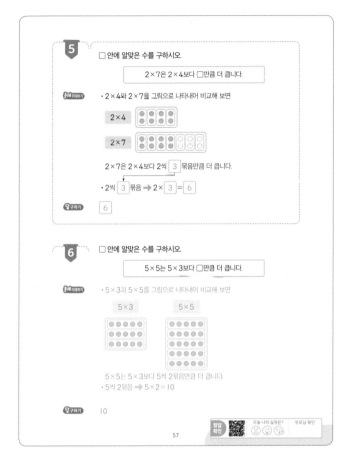

5 □ 안에 알맞은 수를 구하시오.

2×7은 2×4보다 □만큼 더 큽니다.

• 2×4와 2×7를 그림으로 나타내어 비교해 보면

2×4
2×7

2×7은 2×4보다 2씩 3 묶음만큼 더 큽니다.
• 2씩 3 묶음 ➡ 2× 3 = 6

구하기 6

6 □ 안에 알맞은 수를 구하시오.

5×5는 5×3보다 □만큼 더 큽니다.

• 5×3과 5×5를 그림으로 나타내어 비교해 보면

5×3   5×5

5×5는 5×3보다 5씩 2묶음만큼 더 큽니다.
• 5씩 2묶음 ➡ 5×2=10

구하기 10

57

재미있는
**수학
놀이터**

곱셈 엘리베이터

버튼을 두 개 누르면 두 수의 곱이 되는 층으로 이동하는 엘리베이터예요. 엘리베이터 문 위에 가려고 하는 층이 써 있어요. 그런데 버튼이 하나씩만 눌려 있네요. 나머지 하나의 버튼에 ○표 해서 엘리베이터를 타 볼까요?

5×8=40

2×7=14

5×7=35

2×9=18

58

12

③주/③일 3, 6단 곱셈구구 ❶

교과서 곱셈구구

공부한 날
월   일

- 3단 곱셈구구에서 곱하는 수가 1씩 커지면 곱이 3씩 커집니다.
- 6단 곱셈구구에서 곱하는 수가 1씩 커지면 곱이 6씩 커집니다.

×	1	2	3	4	5	6	7	8	9
3	3	6	9	12	15	18	21	24	27
6	6	12	18	24	30	36	42	48	54

실력
확인하기

다음을 계산해 보시오.

1 3×2= 6

2 3×5= 15

3 3×7= 21

4 3×9= 27

5 6×3= 18

6 6×4= 24

7 6×6= 36

8 6×8= 48

59

1 사과가 한 봉지에 3개씩 들어 있습니다. 7봉지에 들어 있는 사과는 모두 몇 개입니까?

문제 이해하기
- 봉지가 1개씩 늘어날수록 사과는 3 개씩 많아집니다.
- 사과의 수: 3 씩 7 묶음

→ 3+ 3 + 3 + 3 + 3 + 3 + 3 = 21

식 세우기 3 × 7 = 21

답 구하기 21 개

2 콩깍지 하나에 완두콩이 6개씩 들어 있습니다. 콩깍지 3개에 든 완두콩은 모두 몇 개입니까?

문제 이해하기
- 콩깍지가 1개씩 늘어날수록 완두콩은 6 개씩 많아집니다.
- 완두콩의 수: 6 씩 3 묶음

→6+ 6 + 6 = 18

식 세우기 6 × 3 = 18

답 구하기 18 개

3 오른쪽 삼각형을 3개 만드는 데 필요한 성냥개비는 모두 몇 개입니까?

문제 이해하기
- 삼각형이 1개씩 늘어날수록 성냥개비는 3 개씩 많아집니다.
- 성냥개비의 수: 3 씩 3 묶음

→3+ 3 + 3 = 9

식 세우기 3 × 3 = 9

답 구하기 9 개

60

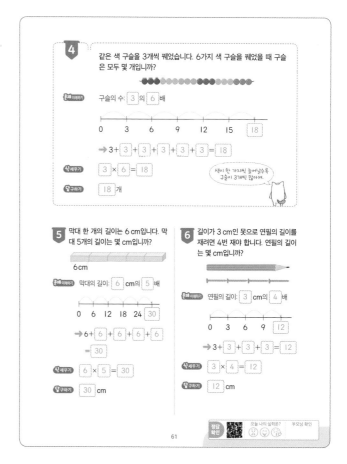

4 같은 색 구슬을 3개씩 꿰었습니다. 6가지 색 구슬을 꿰었을 때 구슬은 모두 몇 개입니까?

문제 이해하기 구슬의 수: 3 의 6 배

0   3   6   9   12   15   18

→ 3+ 3 + 3 + 3 + 3 + 3 = 18

식 세우기 3 × 6 = 18

답 구하기 18 개

색이 한 가지씩 늘어날수록 구슬이 3개씩 많아져.

5 막대 한 개의 길이는 6 cm입니다. 막대 5개의 길이는 몇 cm입니까?

6cm

문제 이해하기 막대의 길이: 6 cm의 5 배

0   6   12   18   24   30

→6+ 6 + 6 + 6 + 6
= 30

식 세우기 6 × 5 = 30

답 구하기 30 cm

6 길이가 3 cm인 못으로 연필의 길이를 재려면 4번 재야 합니다. 연필의 길이는 몇 cm입니까?

문제 이해하기 연필의 길이: 3 cm의 4 배

0   3   6   9   12

→3+ 3 + 3 + 3 = 12

식 세우기 3 × 4 = 12

답 구하기 12 cm

61

정답
확인
오늘 나의 실력은? 부모님 확인

재미있는
**수학
놀이터** 어느 기차를 탈까요

승객들이 기차를 기다려요. 기차표에 적힌 숫자가 3단 곱셈구구의 곱이면 3단 열차에, 6단 곱셈구구의 곱이면 6단 열차에 타야 해요. 양쪽 열차에 둘 다 탈 수 있는 사람을 모두 찾아 ○표 하세요.

62

13

3주 **4**일 | 교과서 곱셈구구

3, 6단 곱셈구구 ❷

1 방울토마토가 모두 몇 개인지 곱셈식으로 나타내어 보시오.

$3 \times \square = \square$ $6 \times \square = \square$

문제 이해하기

• 방울토마토를 3개씩 묶어 보면
→ 3씩 6묶음이므로
$3 \times \boxed{6} = \boxed{18}$

• 방울토마토를 6개씩 묶어 보면
→ 6씩 3묶음이므로
$6 \times \boxed{3} = \boxed{18}$

답구하기 $3 \times \boxed{6} = \boxed{18}$, $6 \times \boxed{3} = \boxed{18}$

2 귤이 모두 몇 개인지 곱셈식으로 나타내어 보시오.

$3 \times \square = \square$ $6 \times \square = \square$

문제 이해하기

• 귤을 3개씩 묶어 보면
→ 3씩 8묶음이므로 $3 \times 8 = 24$

• 귤을 6개씩 묶어 보면
→ 6씩 4묶음이므로 $6 \times 4 = 24$

답구하기 $3 \times 8 = 24$, $6 \times 4 = 24$

63

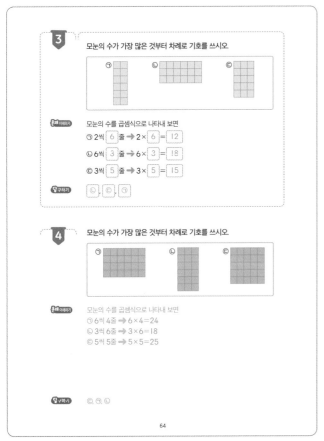

3 모눈의 수가 가장 많은 것부터 차례로 기호를 쓰시오.

ⓐ   ⓑ   ⓒ

문제 이해하기 모눈의 수를 곱셈식으로 나타내 보면

ⓐ 2씩 $\boxed{6}$ 줄 → $2 \times \boxed{6} = \boxed{12}$

ⓑ 6씩 $\boxed{3}$ 줄 → $6 \times \boxed{3} = \boxed{18}$

ⓒ 3씩 $\boxed{5}$ 줄 → $3 \times \boxed{5} = \boxed{15}$

답구하기 $\boxed{ⓑ}$, $\boxed{ⓒ}$, $\boxed{ⓐ}$

4 모눈의 수가 가장 많은 것부터 차례로 기호를 쓰시오.

ⓐ   ⓑ   ⓒ

문제 이해하기 모눈의 수를 곱셈식으로 나타내 보면

ⓐ 6씩 4줄 → $6 \times 4 = 24$

ⓑ 3씩 6줄 → $3 \times 6 = 18$

ⓒ 5씩 5줄 → $5 \times 5 = 25$

답구하기 ⓒ, ⓐ, ⓑ

64

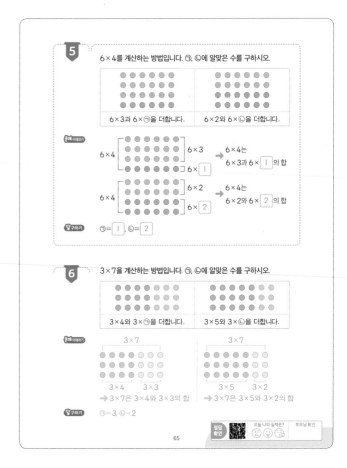

5 6×4를 계산하는 방법입니다. ⊙, ⓒ에 알맞은 수를 구하시오.

6×3과 $6 \times ⊙$을 더합니다. 6×2와 $6 \times ⓒ$을 더합니다.

문제 이해하기

6×4 → 6×3, $6 \times \boxed{1}$ → 6×4는 6×3과 $6 \times \boxed{1}$의 합

6×4 → 6×2, $6 \times \boxed{2}$ → 6×4는 6×2와 $6 \times \boxed{2}$의 합

답구하기 $⊙ = \boxed{1}$, $ⓒ = \boxed{2}$

6 3×7을 계산하는 방법입니다. ⊙, ⓒ에 알맞은 수를 구하시오.

3×4와 $3 \times ⊙$을 더합니다. 3×5와 $3 \times ⓒ$을 더합니다.

문제 이해하기

3×7 3×7

3×4 3×3 3×5 3×2

→ 3×7은 3×4와 3×3의 합   → 3×7은 3×5와 3×2의 합

답구하기 $⊙ = 3$, $ⓒ = 2$

65

게임이 된 **수학 놀이터**

빙글빙글 회전 초밥

회전 초밥 가게에 왔어요. 접시 색깔마다 담겨 있는 초밥 수가 다르네요. 친구들이 먹은 초밥은 몇 개일까요? 쌓여 있는 접시를 보고 빈칸에 써 보세요.

초록: $6 \times 3 = 18$
빨강: $3 \times 5 = 15$
노랑: $2 \times 2 = 4$
→ $18 + 15 + 4 = 37$

윤호 $\boxed{37}$ 개

채은 $\boxed{32}$ 개

노랑: $2 \times 7 = 14$
빨강: $3 \times 4 = 12$
초록: $6 \times 1 = 6$
→ $14 + 12 + 6 = 32$

태이 $\boxed{55}$ 개

초록: $6 \times 6 = 36$
빨강: $3 \times 3 = 9$
파랑: $5 \times 2 = 10$
→ $36 + 9 + 10 = 55$

66

14

3주/5일 4, 8단 곱셈구구 ❶

교과서 곱셈구구

공부한 날
월
일

- 4단 곱셈구구에서 곱하는 수가 1씩 커지면 곱이 4씩 커집니다.
- 8단 곱셈구구에서 곱하는 수가 1씩 커지면 곱이 8씩 커집니다.

×	1	2	3	4	5	6	7	8	9
4	4	8	12	16	20	24	28	32	36
8	8	16	24	32	40	48	56	64	72

실력 확인하기 다음을 계산해 보시오.

1 4×2= 8

2 4×4= 16

3 4×5= 20

4 4×7= 28

5 8×3= 24

6 8×5= 40

7 8×8= 64

8 8×9= 72

67

1 자동차 한 대에 바퀴가 4개씩 있습니다. 자동차 7대에는 바퀴가 모두 몇 개 있습니까?

문제 이해하기
- 자동차가 1대씩 늘어날수록 바퀴는 4 개씩 많아집니다.
- 바퀴의 수: 4 씩 7 묶음

→ 4+ 4 + 4 + 4 + 4 + 4 + 4 = 28

식 세우기 4 × 7 = 28

답 구하기 28 개

2 문어 한 마리의 다리는 8개입니다. 문어 4마리의 다리는 모두 몇 개입니까?

문제 이해하기
- 문어가 1마리씩 늘어날수록 다리는 8 개씩 많아집니다.
- 다리의 수: 8 씩 4 묶음

→ 8+ 8 + 8 + 8 = 32

식 세우기 8 × 4 = 32

답 구하기 32 개

3 네 잎 클로버 5개의 잎은 모두 몇 장입니까?

문제 이해하기
- 네 잎 클로버가 1개씩 늘어날수록 잎은 4 장씩 많아집니다.
- 잎의 수: 4 씩 5 묶음

→ 4+ 4 + 4 + 4 + 4 = 20

식 세우기 4 × 5 = 20

답 구하기 20 장

68

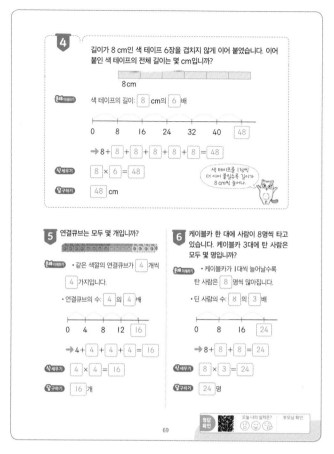

4 길이가 8 cm인 색 테이프 6장을 겹치지 않게 이어 붙였습니다. 이어 붙인 색 테이프의 전체 길이는 몇 cm입니까?

8cm

문제 이해하기 색 테이프의 길이: 8 cm의 6 배

0 8 16 24 32 40 48

→ 8+ 8 + 8 + 8 + 8 + 8 = 48

식 세우기 8 × 6 = 48

색 테이프를 1장씩 더 이어 붙일수록 길이가 8 cm씩 늘어나.

답 구하기 48 cm

5 연결큐브는 모두 몇 개입니까?

문제 이해하기
- 같은 색깔의 연결큐브가 4 개씩 4 가지입니다.
- 연결큐브의 수: 4 의 4 배

0 4 8 12 16

→ 4+ 4 + 4 + 4 = 16

식 세우기 4 × 4 = 16

답 구하기 16 개

6 케이블카 한 대에 사람이 8명씩 타고 있습니다. 케이블카 3대에 탄 사람은 모두 몇 명입니까?

문제 이해하기
- 케이블카가 1대씩 늘어날수록 탄 사람은 8 명씩 많아집니다.
- 탄 사람의 수: 8 의 3 배

0 8 16 24

→ 8+ 8 + 8 = 24

식 세우기 8 × 3 = 24

답 구하기 24 명

정답확인   오늘 나의 실력은? 부모님 확인

69

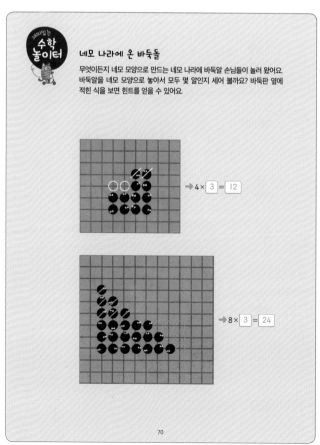

재미있는 **수학 놀이터**

네모 나라에 온 바둑돌

무엇이든지 네모 모양으로 만드는 네모 나라에 바둑알 손님들이 놀러 왔어요. 바둑알을 네모 모양으로 놓아서 모두 몇 알인지 세어 볼까요? 바둑판 옆에 적힌 식을 보면 힌트를 얻을 수 있어요.

→ 4× 3 = 12

→ 8× 3 = 24

70

4/1일 교과서 곱셈구구
4, 8단 곱셈구구 ❷

1 모눈이 모두 몇 칸인지 곱셈식으로 나타내어 보시오.

$4 \times \boxed{} = \boxed{}$ $8 \times \boxed{} = \boxed{}$

문제 이해하기 4칸씩, 8칸씩 뛰어 세어 보면

4씩 $\boxed{6}$ 번 ➡ $4 \times \boxed{6} = \boxed{24}$

8씩 $\boxed{3}$ 번 ➡ $8 \times \boxed{3} = \boxed{24}$

답구하기 $4 \times \boxed{6} = \boxed{24}$, $8 \times \boxed{3} = \boxed{24}$

2 모눈이 모두 몇 칸인지 곱셈식으로 나타내어 보시오.

$4 \times \boxed{} = \boxed{}$ $8 \times \boxed{} = \boxed{}$

문제 이해하기 4칸씩, 8칸씩 뛰어 세어 보면

4씩 4번 ➡ $4 \times 4 = 16$
8씩 2번 ➡ $8 \times 2 = 16$

답구하기 $4 \times 4 = 16$, $8 \times 2 = 16$

71

3 공깃돌이 모두 몇 개인지 여러 가지 곱셈식으로 나타내어 보시오.

$2 \times \boxed{} = \boxed{}$
$8 \times \boxed{} = \boxed{}$
$4 \times \boxed{} = \boxed{}$

문제 이해하기 공깃돌을 2개씩, 8개씩, 4개씩 묶어 보면

2씩 $\boxed{8}$ 묶음 8씩 $\boxed{2}$ 묶음 4씩 $\boxed{4}$ 묶음

답구하기 $2 \times \boxed{8} = \boxed{16}$, $8 \times \boxed{2} = \boxed{16}$, $4 \times \boxed{4} = \boxed{16}$

4 빵이 모두 몇 개인지 여러 가지 곱셈식으로 나타내어 보시오

$3 \times \boxed{} = \boxed{}$
$4 \times \boxed{} = \boxed{}$
$6 \times \boxed{} = \boxed{}$
$8 \times \boxed{} = \boxed{}$

문제 이해하기 빵을 3개씩, 4개씩, 6개씩, 8개씩 묶어 보면

3씩 8묶음이므로 $3 \times 8 = 24$ 6씩 4묶음이므로 $6 \times 4 = 24$

4씩 6묶음이므로 $4 \times 6 = 24$ 8씩 3묶음이므로 $8 \times 3 = 24$

답구하기 $3 \times 8 = 24$, $4 \times 6 = 24$, $6 \times 4 = 24$, $8 \times 3 = 24$

72

5 연결큐브가 모두 몇 개인지 구할 수 있는 방법을 찾아 기호를 쓰시오.

ⓐ 4를 4번 더합니다.
ⓑ 4×4에 4를 더합니다.
ⓒ 4×2를 두 번 더합니다.

문제 이해하기
· 연결큐브의 수: 4씩 $\boxed{5}$ 묶음 ➡ $4 \times \boxed{5}$

· 각 방법을 곱셈식으로 나타내 보면

ⓐ 4를 4번 더합니다. ➡ $4 + 4 + 4 + 4 = 4 \times \boxed{4}$

ⓑ 4×4에 4를 더합니다. ➡ $4 \times \boxed{5}$

ⓒ 4×2를 두 번 더합니다. ➡ $4 \times \boxed{4}$

답구하기 ⓑ

6 쿠키가 모두 몇 개인지 구할 수 있는 방법을 찾아 기호를 쓰시오.

ⓐ 8을 5번 더합니다.
ⓑ 8×2에 8을 더합니다.
ⓒ 8×2를 두 번 더합니다.

문제 이해하기
· 쿠키의 수: 8씩 4묶음 ➡ 8×4
· 각 방법을 곱셈식으로 나타내 보면
ⓐ 8을 5번 더합니다. ➡ $8 + 8 + 8 + 8 + 8 = 8 \times 5$
ⓑ 8×2에 8을 더합니다. ➡ 8×3
ⓒ 8×2를 두 번 더합니다. ➡ 8×4

답구하기 ⓒ

정답 확인   오늘 나의 실력은?   부모님 확인

73

재미있는 **수학놀이터**   **해, 달, 별 곱셈구구**

달 탐사 로봇 해달별55호의 메시지가 지구에 도착했어요. 해, 달, 별이 담긴 곱셈식과 덧셈식이네요. 해달별55호가 보낸 메시지를 해석해서 빈칸에 써 보세요.

5
$\blacksquare \times \blacksquare = 25$
$\blacksquare + \blacksquare = \bullet$ ← 10

8
$\triangle \times \triangle = 64$
$\triangle + \triangle = \text{☾}$ ← 16

4
$\bigcirc \times \bigcirc = 16$
$2 \rightarrow \bigcirc \times \text{☆} = \boxed{}$

$10 \ 16 \ 2$
$\bullet \ \text{☾} \ \text{☆} = \boxed{그} \boxed{리} \boxed{워}$

1	2	3	4	5	6	7	8	9	10
유	워	돌	로	자	와	장	파	고	그
11	12	13	14	15	16	17	18	19	20
아	가	배	오	이	리	나	바	갈	외

74

4주 / 2일 교과서 곱셈구구

7, 9단 곱셈구구 ❶

- 7단 곱셈구구에서 곱하는 수가 1씩 커지면 곱이 7씩 커집니다.
- 9단 곱셈구구에서 곱하는 수가 1씩 커지면 곱이 9씩 커집니다.

×	1	2	3	4	5	6	7	8	9
7	7	14	21	28	35	42	49	56	63
9	9	18	27	36	45	54	63	72	81

실력 확인하기 다음을 계산해 보시오.

1 7×3= 21

2 7×5= 35

3 7×6= 42

4 7×9= 63

5 9×2= 18

6 9×4= 36

7 9×6= 54

8 9×8= 72

75

1 색연필이 한 통에 7자루씩 들어 있습니다. 6통에 들어 있는 색연필은 모두 몇 자루입니까?

문제 이해하기
- 통이 1개씩 늘어날수록 색연필은 7 자루씩 많아집니다.
- 색연필의 수: 7 씩 6 묶음

➡ 7+ 7 + 7 + 7 + 7 + 7 = 42

식 세우기 7 × 6 = 42

답 구하기 42 자루

2 팔찌 하나에 구슬이 9개씩 있습니다. 팔찌 2개에는 구슬이 모두 몇 개 있습니까?

문제 이해하기
- 팔찌가 1개씩 늘어날수록 구슬은 9 개씩 많아집니다.
- 구슬의 수: 9 씩 2 묶음

➡ 9+ 9 = 18

식 세우기 9 × 2 = 18

답 구하기 18 개

3 꽃병 하나에 꽃이 7송이씩 꽂혀 있습니다. 꽃병 5개에 꽂혀 있는 꽃은 모두 몇 송이입니까?

문제 이해하기
- 꽃병이 1개씩 늘어날수록 꽃은 7 송이씩 많아집니다.
- 꽃의 수: 7 씩 5 묶음

➡ 7+ 7 + 7 + 7 + 7
  = 35

식 세우기 7 × 5 = 35

답 구하기 35 송이

76

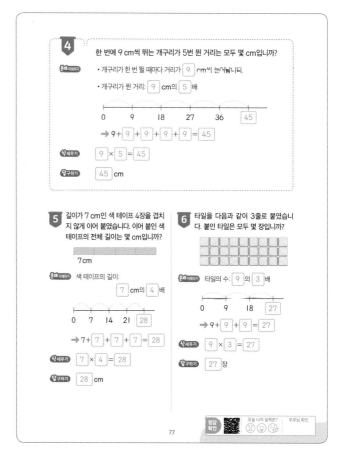

4 한 번에 9 cm씩 뛰는 개구리가 5번 뛴 거리는 모두 몇 cm입니까?

문제 이해하기
- 개구리가 한 번 뛸 때마다 거리가 9 cm씩 늘어납니다.
- 개구리가 뛴 거리: 9 cm의 5 배

0 9 18 27 36 45

➡ 9+ 9 + 9 + 9 + 9 = 45

식 세우기 9 × 5 = 45

답 구하기 45 cm

5 길이가 7 cm인 색 테이프 4장을 겹치지 않게 이어 붙였습니다. 이어 붙인 색 테이프의 전체 길이는 몇 cm입니까?

7cm

문제 이해하기 색 테이프의 길이:
7 cm의 4 배

0 7 14 21 28

➡ 7+ 7 + 7 + 7 = 28

식 세우기 7 × 4 = 28

답 구하기 28 cm

6 타일을 다음과 같이 3줄로 붙였습니다. 붙인 타일은 모두 몇 장입니까?

문제 이해하기 타일의 수: 9 의 3 배

0 9 18 27

➡ 9+ 9 + 9 = 27

식 세우기 9 × 3 = 27

답 구하기 27 장

77

재미있는 **수학 놀이터**

요정의 암호

민지는 숲에서 떨고 있는 요정을 집으로 데려와 돌봐 주었어요. 요정이 다음 날 암호가 적힌 쪽지를 남기고 떠났네요. 암호를 풀어서 요정의 선물을 찾아보세요.

민지야, 나를 도와줘서 고마워.
이곳에 선물을 숨겨 두었어. 잘 찾아봐!

56	54	35	28	72		35	54	63
7×8	9×6	7×5	7×4	9×8		7×5	9×6	7×9
ㅊ	ㅣ	ㅁ	ㄷ	ㅐ		ㅁ	ㅌ	ㅌ

선물은 그곳에 있구나!

14	18	21	27	28	35	36
ㄱ	ㅏ	ㄴ	ㄷ	ㅓ	ㅊ	ㅁ
42	45	49	54	56	63	72
ㅈ	ㅜ	ㅇ	ㅣ	ㅊ	ㅌ	ㅐ

78

17

4주 3일

교과서 곱셈구구

7, 9단 곱셈구구 ❷

공부한 날
월 일

1 7단 곱셈구구의 곱을 모두 찾아 쓰시오.

| 49 | 56 | 21 | 64 | 27 |

문제 이해하기

• 7단 곱셈구구에서 곱하는 수가 1씩 커지면 곱은 [7] 씩 커집니다.

• 7단 곱셈구구를 떠올려 보면

×	1	2	3	4	5	6	7	8	9
7	7	14	21	28	35	42	49	56	63

+7 +7 +7 +7 +7 +7 +7 +7

답 구하기 [49], [56], [21]

2 9단 곱셈구구의 곱을 모두 찾아 쓰시오.

| 35 | 45 | 28 | 81 | 63 |

문제 이해하기

• 9단 곱셈구구에서 곱하는 수가 1씩 커지면 곱은 9씩 커집니다.

• 9단 곱셈구구를 떠올려 보면

×	1	2	3	4	5	6	7	8	9
9	9	18	27	36	45	54	63	72	81

+9 +9 +9 +9 +9 +9 +9 +9

답 구하기 45, 81, 63

79

3 도토리가 모두 몇 개인지 여러 가지 곱셈식으로 나타내어 보시오.

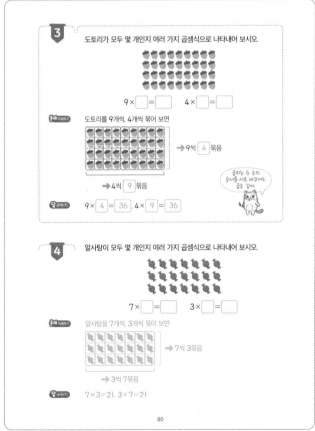

9 × [ ] = [ ]   4 × [ ] = [ ]

문제 이해하기

도토리를 9개씩, 4개씩 묶어 보면

➡ 9씩 [4] 묶음

➡ 4씩 [9] 묶음

곱하는 두 수의
순서를 서로 바꾸어도
곱은 같아.

답 구하기 9 × [4] = [36], 4 × [9] = [36]

4 알사탕이 모두 몇 개인지 여러 가지 곱셈식으로 나타내어 보시오.

7 × [ ] = [ ]   3 × [ ] = [ ]

문제 이해하기

알사탕을 7개씩, 3개씩 묶어 보면

➡ 7씩 3묶음

➡ 3씩 7묶음

답 구하기 7 × 3 = 21, 3 × 7 = 21

80

5 나뭇잎이 모두 몇 장인지 알아보려고 합니다. 알맞은 방법을 말한 사람은 누구입니까?

나는 7을 7번 더할 거야. / 7×5에 7을 더할래.

아인   혜수

문제 이해하기

• 나뭇잎의 수: 7씩 [6] 묶음 ➡ 7 × [6]

• 두 사람이 말한 방법을 곱셈식으로 나타내 보면

아인: 7을 7번 더합니다. ➡ 7+7+7+7+7+7+7=7× [7]

혜수: 7 × 5에 7을 더합니다. ➡ 7 × [6]

답 구하기 [혜수]

6 초콜릿이 모두 몇 개인지 알아보려고 합니다. 알맞은 방법을 말한 사람은 누구입니까?

나는 9를 3번 더할 거야. / 9×2를 두 번 더할래.

기현   희율

문제 이해하기

• 초콜릿의 수: 9씩 3묶음 ➡ 9 × 3

• 두 사람이 말한 방법을 곱셈식으로 나타내 보면

기현: 9를 3번 더합니다. ➡ 9+9+9=9×3

희율: 9 × 2를 두 번 더합니다. ➡ 9 × 4

답 구하기 기현

81

재미있는 수학 놀이터

산을 넘어 볼까요

늑대와 호랑이가 사는 산을 넘어야 해요. 어머니는 떡 80개를 들고 산을 넘을 거예요. 어머니가 산을 넘으면 떡이 남을까요, 모자랄까요? 어머니의 말풍선을 완성해 주세요.

떡 7개 주면 안 잡아먹지.   떡 9개 주면 안 잡아먹지.

7 × 5 = 35   9 × 4 = 36

떡이 [9] 개 (남아요 . 모자라요).

80개

82

18

4주/4일 교과서 곱셈구구

2~9단 곱셈구구 ❶

• ■단 곱셈구구에서 곱하는 수가 1씩 커지면 곱은 ■씩 커집니다.
• 몇 개씩 묶는지에 따라 같은 수를 여러 가지 곱셈식으로 나타낼 수 있습니다.

실력 확인하기

구슬의 수를 여러 가지 곱셈식으로 나타내어 보시오.

1
$2×6=12$
$3×4=12$
$4×3=12$
$6×2=12$

2
$2×8=16$
$4×4=16$
$8×2=16$

3
$2×9=18$
$3×6=18$
$6×3=18$
$9×2=18$

4
$3×8=24$
$4×6=24$
$6×4=24$
$8×3=24$

83

1 공원에 4명씩 앉을 수 있는 벤치가 있습니다. 8개의 벤치에는 모두 몇 명이 앉을 수 있습니까?

문제 이해하기 • 벤치가 1개씩 늘어날수록 앉을 수 있는 사람은 **4** 명씩 많아집니다.

• 앉을 수 있는 사람 수: **4** 의 **8** 배

(■의 △배는 ■×△로 나타낼 수 있어.)

식 세우기 $4×8=32$

답구하기 **32** 명

2 지태는 9살입니다. 지태 이모의 나이는 몇 살입니까?

지태 (이모의 나이는 내 나이의 4배야.)

문제 이해하기 • 이모의 나이: **9** 의 **4** 배

• ■살의 △배 ➡ ■×△

식 세우기 $9×4=36$

답구하기 **36** 살

3 슬비가 1주일 동안 푼 수학 문제는 모두 몇 문제입니까?

슬비 (매일 5문제씩 풀었어.)

문제 이해하기 • 1주일은 **7** 일입니다.

• 푼 문제 수: **5** 의 **7** 배

• ■문제씩 △일 ➡ ■×△

식 세우기 $5×7=35$

답구하기 **35** 문제

84

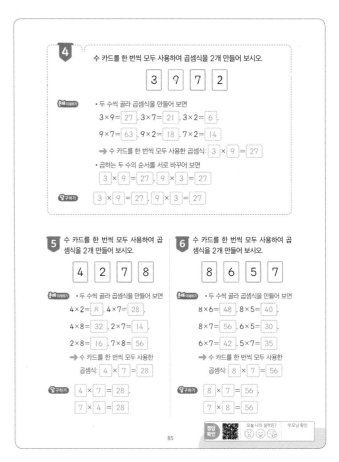

4 수 카드를 한 번씩 모두 사용하여 곱셈식을 2개 만들어 보시오.

[3] [9] [7] [2]

문제 이해하기 • 두 수씩 골라 곱셈식을 만들어 보면

$3×9=27$, $3×7=21$, $3×2=6$,

$9×7=63$, $9×2=18$, $7×2=14$

➡ 수 카드를 한 번씩 모두 사용한 곱셈식: $3×9=27$

• 곱하는 두 수의 순서를 서로 바꾸어 보면

$3×9=27$, $9×3=27$

답구하기 $3×9=27$, $9×3=27$

5 수 카드를 한 번씩 모두 사용하여 곱셈식을 2개 만들어 보시오.

[4] [2] [7] [8]

문제 이해하기 • 두 수씩 골라 곱셈식을 만들어 보면

$4×2=8$, $4×7=28$,

$4×8=32$, $2×7=14$,

$2×8=16$, $7×8=56$

➡ 수 카드를 한 번씩 모두 사용한 곱셈식: $4×7=28$

답구하기 $4×7=28$

$7×4=28$

6 수 카드를 한 번씩 모두 사용하여 곱셈식을 2개 만들어 보시오.

[8] [6] [5] [7]

문제 이해하기 • 두 수씩 골라 곱셈식을 만들어 보면

$8×6=48$, $8×5=40$,

$8×7=56$, $6×5=30$,

$6×7=42$, $5×7=35$

➡ 수 카드를 한 번씩 모두 사용한 곱셈식: $8×7=56$

답구하기 $8×7=56$

$7×8=56$

정답 확인 / 오늘 나의 실력은? / 부모님 확인

85

재미있는 수학 놀이터

스파이를 찾아라!

여기는 탐정들의 비밀 카페. 옷이나 모자에 같은 단의 곱이 쓰인 탐정들끼리 같은 테이블에 모이기로 했어요. 그런데 테이블마다 스파이가 숨어 있군요. 스파이를 찾아 ○표 하세요.

86

4주 5일 교과서 곱셈구구

2~9단 곱셈구구 ❷

1

문제 이해하기 두발자전거 4대와 세발자전거 3대의 바퀴는 모두 몇 개입니까?

두발자전거와 세발자전거의 바퀴 수를 알아보면

2씩 4 묶음   3씩 3 묶음

식 세우기
• (두발자전거의 바퀴 수)=2× 4 = 8
• (세발자전거의 바퀴 수)=3× 3 = 9
➡ (바퀴 수의 합)= 8 + 9 = 17

구하기 17 개

2

문제 이해하기 복숭아가 한 상자에 8개씩, 감이 한 상자에 6개씩 들어 있습니다. 복숭아 3상자와 감 5상자에 들어 있는 과일은 모두 몇 개입니까?

복숭아와 감의 수를 알아보면

8씩 3묶음   6씩 5묶음

식 세우기
• (복숭아 수)=8×3=24
• (감 수)=6×5=30
➡ (과일 수의 합)=24+30=54

구하기 54개

87

3

문제 이해하기 구슬이 한 줄에 9개씩 2줄로 놓여 있습니다. 이 구슬을 한 줄에 6개 씩 놓는다면 몇 줄이 됩니까?

• 구슬의 수는 그대로이므로

9개씩 2줄   6개씩 ▨줄
9×2   6×▨

➡9×2=6×▨
•9×2=18이므로 6×▨=18이 되는 ▨를 찾아보면 6× 3 =18
➡ 구슬을 한 줄에 6개씩 놓는다면 3 줄이 됩니다.

(구슬의 전체 수는 변하지 않아.)

구하기 3 줄

4

문제 이해하기 준수네 반 학생들이 한 줄에 4명씩 6줄로 서 있습니다. 이 학생들이 한 줄에 8명씩 선다면 몇 줄이 됩니까?

• 학생 수는 그대로이므로

4명씩 6줄   8명씩 ▨줄
4×6   8×▨

➡4×6=8×▨
•4×6=24이므로 8×▨=24가 되는 ▨를 찾아보면 8×3=24
➡ 학생들이 한 줄에 8명씩 선다면 3줄이 됩니다.

구하기 3줄

88

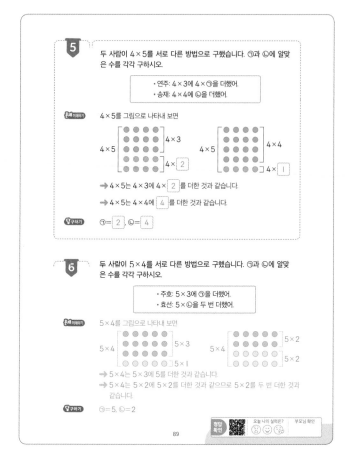

5

문제 이해하기 두 사람이 4×5를 서로 다른 방법으로 구했습니다. ㉠과 ㉡에 알맞은 수를 각각 구하시오.

• 연주: 4×3에 4×㉠을 더했어.
• 송재: 4×4에 ㉡을 더했어.

4×5를 그림으로 나타내 보면

4×5 [ ] 4×3 / 4× 2   4×5 [ ] 4×4 / 4× 1

➡ 4×5는 4×3과 4× 2 를 더한 것과 같습니다.
➡ 4×5는 4×4에 4 를 더한 것과 같습니다.

구하기 ㉠= 2 , ㉡= 4

6

문제 이해하기 두 사람이 5×4를 서로 다른 방법으로 구했습니다. ㉠과 ㉡에 알맞은 수를 각각 구하시오.

• 주호: 5×3에 ㉠을 더했어.
• 효선: 5×㉡을 두 번 더했어.

5×4를 그림으로 나타내 보면

5×4 [ ] 5×3 / 5×1   5×4 [ ] 5×2 / 5×2

➡ 5×4는 5×3에 5를 더한 것과 같습니다.
➡ 5×4는 5×2에 5×2를 더한 것과 같으므로 5×2를 두 번 더한 것과 같습니다.

구하기 ㉠=5, ㉡=2

89

재미있는 수학 놀이터

꽃을 심어요!

꽃밭의 가로 길이와 세로 길이를 곱하면 꽃밭에 심을 수 있는 꽃의 수가 된대요. 튤립은 장미보다 몇 송이 더 심을 수 있을까요? 말풍선을 알맞게 완성해 보세요.

6   8
6   36   48   6
나팔꽃 튤립
7   42   56   7
장미   백합
6   8

튤립은 장미보다 6 송이 더 심을 수 있어.

90

5주/1일 교과서 곱셈구구

1단 곱셈구구와 0의 곱 ❶

공부한 날
월   일

- 1과 어떤 수의 곱은 항상 어떤 수가 됩니다.
- 0과 어떤 수의 곱은 항상 0이 됩니다.

×	1	2	3	4	5	6	7	8	9
1	1	2	3	4	5	6	7	8	9
0	0	0	0	0	0	0	0	0	0

실력 확인하기

다음을 계산해 보시오.

1 1×4= 4

2 1×5= 5

3 1×6= 6

4 1×8= 8

5 0×2= 0

6 0×5= 0

7 0×7= 0

8 0×9= 0

91

---

1 꽃병 하나에 꽃이 1송이씩 꽂혀 있습니다. 5개의 꽃병에 꽂혀 있는 꽃은 모두 몇 송이입니까?

문제 이해하기
- 꽃병이 1개씩 늘어날수록 꽃은 1 송이씩 많아집니다.
- 꽃의 수: 1 씩 5 묶음

1×(어떤 수)=(어떤 수)

식 세우기 1× 5 = 5

답 구하기 5 송이

2 접시 하나에 케이크를 한 조각씩 놓았습니다. 접시 4개에 놓은 케이크는 모두 몇 조각입니까?

문제 이해하기
- 접시가 1개씩 늘어날수록 케이크는 1 조각씩 많아집니다.
- 케이크 조각의 수: 1 씩 4 묶음

식 세우기 1× 4 = 4

답 구하기 4 조각

3 상자 하나에 반지가 1개씩 들어 있습니다. 상자 3개에 들어 있는 반지는 모두 몇 개입니까?

문제 이해하기
- 상자가 1개씩 늘어날수록 반지는 1 개씩 많아집니다.
- 반지의 수: 1 씩 3 묶음

식 세우기 1× 3 = 3

답 구하기 3 개

92

---

4 옷이 걸려 있지 않은 빈 옷걸이가 있습니다. 빈 옷걸이 4개에 걸려 있는 옷은 모두 몇 벌입니까?

문제 이해하기
- 빈 옷걸이가 1개씩 늘어나도 옷의 수는 늘어나지 않습니다.
- 걸려 있는 옷의 수: 0 씩 4 묶음

식 세우기 0× 4 = 0

0×(어떤 수)=0

답 구하기 0 벌

5 꽃이 꽂혀 있지 않은 빈 꽃병이 있습니다. 빈 꽃병 5개에 꽂혀 있는 꽃은 모두 몇 송이입니까?

문제 이해하기
- 빈 꽃병이 1개씩 늘어나도 꽃의 수는 늘어나지 않습니다.
- 꽃의 수: 0 씩 5 묶음

식 세우기 0× 5 = 0

답 구하기 0 송이

6 지혜는 화살을 쏘아 0점에 3발 맞혔습니다. 지혜가 얻은 점수는 모두 몇 점입니까?

문제 이해하기
- 0점을 맞힌 화살이 1개씩 늘어나도 얻은 점수는 늘어나지 않습니다.
- 얻은 점수: 0 의 3 배

식 세우기 0× 3 = 0

답 구하기 0 점

93

재미있는 **수학 놀이터**

가위바위보 암호를 풀어라!

꾸러기 발명가 친구들은 만날 시간과 장소를 암호 편지로 주고받아요. 이번 모임은 언제 어디에서 하게 될까요? 재미있는 암호를 풀어 보세요.

우리가 만날 시간과 장소야. 늦지 않게 와!

94

교과서 곱셈구구

1단 곱셈구구와 0의 곱 ❷

1 색칠한 모눈 칸의 수를 각각 곱셈식으로 나타내어 보시오.

⊙ ⓒ ⓒ ⓔ

$4 \times \square = 12$ $4 \times \square = 8$ $4 \times \square = 4$ $4 \times \square = 0$

문제 이해하기

· ■씩 ▲묶음 ➡ ■ × ▲

· 색칠한 칸을 4칸씩 묶어 보면

⊙ 4씩 3묶음 ➡ $4 \times \boxed{3} = 12$ ⓒ 4씩 2묶음 ➡ $4 \times \boxed{2} = 8$

ⓒ 4씩 1묶음 ➡ $4 \times \boxed{1} = 4$ ⓔ 4씩 0묶음 ➡ $4 \times \boxed{0} = 0$

구하기 ⊙: $4 \times \boxed{3} = 12$, ⓒ: $4 \times \boxed{2} = 8$, ⓒ: $4 \times \boxed{1} = 4$, ⓔ: $4 \times \boxed{0} = 0$

2 색칠한 모눈 칸의 수를 각각 곱셈식으로 나타내어 보시오.

⊙ ⓒ ⓒ

$7 \times \square = \square$ $7 \times \square = \square$ $7 \times \square = \square$

문제 이해하기

· ■씩 ▲묶음 ➡ ■ × ▲

· 색칠한 칸을 7칸씩 묶어 보면

⊙ 7씩 2묶음 ➡ $7 \times 2 = 14$

ⓒ 7씩 1묶음 ➡ $7 \times 1 = 7$

ⓒ 7씩 0묶음 ➡ $7 \times 0 = 0$

구하기 ⊙: $7 \times 2 = 14$, ⓒ: $7 \times 1 = 7$, ⓒ: $7 \times 0 = 0$

3 다연이가 화살을 10개 쏘았습니다. 다연이가 얻은 점수는 모두 몇 점입니까?

문제 이해하기 다연이가 얻은 점수를 알아보면

점수판의 점수(점)	0	1	2
맞힌 횟수(번)	3	5	2
점수(점)	$0 \times 3 = 0$	$1 \times 5 = 5$	$2 \times 2 = 4$

➡ $\boxed{0} + \boxed{5} + \boxed{4} = \boxed{9}$

구하기 9 점

4 달리기 경기에서 다음과 같이 등수에 따라 점수를 얻습니다. 민수네 반에는 1등이 5명, 2등이 3명, 3등이 6명 있습니다. 민수네 반의 달리기 점수는 모두 몇 점입니까?

등수	1등	2등	3등
점수(점)	3	2	1

문제 이해하기 민수네 반의 달리기 점수를 알아보면

등수별 점수(점)	3	2	1
학생 수(명)	5	3	6
점수(점)	$3 \times 5 = 15$	$2 \times 3 = 6$	$1 \times 6 = 6$

➡ $15 + 6 + 6 = 27$

구하기 27점

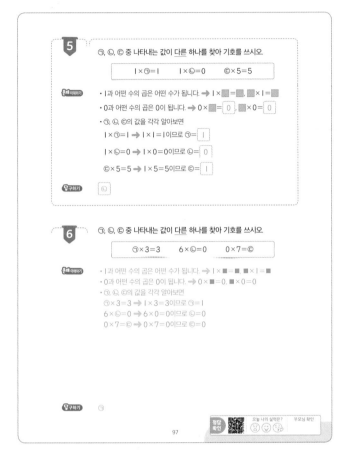

5 ⊙, ⓒ, ⓒ 중 나타내는 값이 다른 하나를 찾아 기호를 쓰시오.

$1 \times ⊙ = 1$ $1 \times ⓒ = 0$ $ⓒ \times 5 = 5$

문제 이해하기

· 1과 어떤 수의 곱은 어떤 수가 됩니다. ➡ $1 \times ■ = ■$, $■ \times 1 = ■$

· 0과 어떤 수의 곱은 0이 됩니다. ➡ $0 \times ■ = \boxed{0}$, $■ \times 0 = \boxed{0}$

· ⊙, ⓒ, ⓒ의 값을 각각 알아보면

$1 \times ⊙ = 1$ ➡ $1 \times 1 = 1$이므로 ⊙ = $\boxed{1}$

$1 \times ⓒ = 0$ ➡ $1 \times 0 = 0$이므로 ⓒ = $\boxed{0}$

$ⓒ \times 5 = 5$ ➡ $1 \times 5 = 5$이므로 ⓒ = $\boxed{1}$

구하기 ⓒ

6 ⊙, ⓒ, ⓒ 중 나타내는 값이 다른 하나를 찾아 기호를 쓰시오.

$⊙ \times 3 = 3$ $6 \times ⓒ = 0$ $0 \times 7 = ⓒ$

문제 이해하기

· 1과 어떤 수의 곱은 어떤 수가 됩니다. ➡ $1 \times ■ = ■$, $■ \times 1 = ■$

· 0과 어떤 수의 곱은 0이 됩니다. ➡ $0 \times ■ = 0$, $■ \times 0 = 0$

· ⊙, ⓒ, ⓒ의 값을 각각 알아보면

$⊙ \times 3 = 3$ ➡ $1 \times 3 = 3$이므로 ⊙ = 1

$6 \times ⓒ = 0$ ➡ $6 \times 0 = 0$이므로 ⓒ = 0

$0 \times 7 = ⓒ$ ➡ $0 \times 7 = 0$이므로 ⓒ = 0

구하기 ⊙

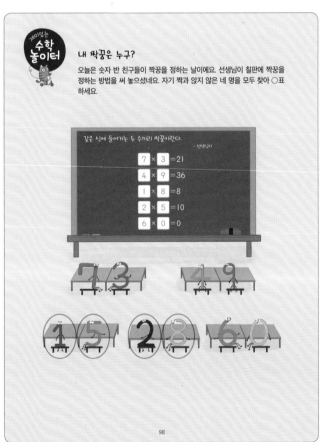

재미있는 **수학놀이터**

내 짝꿍은 누구?

오늘은 숫자 반 친구들이 짝꿍을 정하는 날이에요. 선생님이 칠판에 짝꿍을 정하는 방법을 써 놓으셨네요. 자기 짝과 앉지 않은 네 명을 모두 찾아 ○표 하세요.

같은 식에 들어가는 두 수끼리 짝꿍이란다. - 선생님 -

$7 \times 3 = 21$
$4 \times 9 = 36$
$1 \times 8 = 8$
$2 \times 5 = 10$
$6 \times 0 = 0$

5/3일 교과서 곱셈구구

곱셈표

곱셈표는 세로줄과 가로줄이 만나는 칸에 두 수의 곱을 써넣은 표입니다.

×	0	1	2	3	4
0	0	0	0	0	0
1	0	1	2	3	4
2	0	2	4	6	8
3	0	3	6	9	12
4	0	4	8	12	16

$3 \times 4 = 12$
$4 \times 3 = 12$

실력 확인하기
빈칸에 알맞은 수를 써넣어 곱셈표를 완성하시오.

×	0	1	2	3	4	5	6	7	8	9
0	0	0	0	0	0	0	0	0	0	0
1	0	1	2	3	4	5	6	7	8	9
2	0	2	4	6	8	10	12	14	16	18
3	0	3	6	9	12	15	18	21	24	27
4	0	4	8	12	16	20	24	28	32	36
5	0	5	10	15	20	25	30	35	40	45
6	0	6	12	18	24	30	36	42	48	54
7	0	7	14	21	28	35	42	49	56	63
8	0	8	16	24	32	40	48	56	64	72
9	0	9	18	27	36	45	54	63	72	81

99

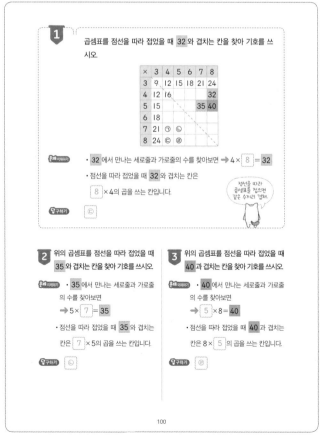

1 곱셈표를 점선을 따라 접었을 때 **32** 와 겹치는 칸을 찾아 기호를 쓰시오.

×	3	4	5	6	7	8
3	9	12	15	18	21	24
4	12	16				32
5	15				35	40
6	18					
7	21		㉠	㉡		
8	24	㉢		㉣		

문제 이해하기
· **32** 에서 만나는 세로줄과 가로줄의 수를 찾아보면 ➡ $4 \times \boxed{8} = \boxed{32}$

· 점선을 따라 접었을 때 **32** 와 겹치는 칸은 $\boxed{8} \times 4$ 의 곱을 쓰는 칸입니다.

답 구하기 ㉢

2 위의 곱셈표를 점선을 따라 접었을 때 **35** 와 겹치는 칸을 찾아 기호를 쓰시오.

문제 이해하기
· **35** 에서 만나는 세로줄과 가로줄의 수를 찾아보면
➡ $5 \times \boxed{7} = 35$
· 점선을 따라 접었을 때 **35** 와 겹치는 칸은 $\boxed{7} \times 5$ 의 곱을 쓰는 칸입니다.

답 구하기 ㉠

3 위의 곱셈표를 점선을 따라 접었을 때 **40** 과 겹치는 칸을 찾아 기호를 쓰시오.

문제 이해하기
· **40** 에서 만나는 세로줄과 가로줄의 수를 찾아보면
➡ $\boxed{5} \times 8 = 40$
· 점선을 따라 접었을 때 **40** 과 겹치는 칸은 $8 \times \boxed{5}$ 의 곱을 쓰는 칸입니다.

답 구하기 ㉣

100

4 곱셈표를 보고 곱이 24인 곱셈구구를 모두 쓰시오.

×	3	4	5	6	7	8	9
3	9	12	15	18	21	24	27
4	12	16	20	24	28	32	36
5	15	20	25	30	35	40	45
6	18	24	30	36	42	48	54
7	21	28	35	42	49	56	63
8	24	32	40	48	56	64	72
9	27	36	45	54	63	72	81

곱셈표의 세로줄과 가로줄을 보면 곱한 두 수를 알 수 있어.

문제 이해하기 **24** 에서 만나는 세로줄과 가로줄의 수를 찾아보면

24는 3과 $\boxed{8}$ 의 곱 ➡ $3 \times \boxed{8} = 24$, $\boxed{8} \times 3 = 24$

24는 4와 $\boxed{6}$ 의 곱 ➡ $4 \times \boxed{6} = 24$, $\boxed{6} \times 4 = 24$

답 구하기 $\boxed{3} \times \boxed{8} = 24$, $\boxed{8} \times \boxed{3} = 24$,
$\boxed{4} \times \boxed{6} = 24$, $\boxed{6} \times \boxed{4} = 24$

5 위의 곱셈표를 보고 곱이 30인 곱셈구구를 모두 쓰시오.

문제 이해하기 **30** 에서 만나는 세로줄과 가로줄의 수를 찾아보면
30은 5와 $\boxed{6}$ 의 곱
➡ $5 \times \boxed{6} = 30$, $\boxed{6} \times 5 = 30$

답 구하기 $\boxed{5} \times \boxed{6} = 30$,
$\boxed{6} \times \boxed{5} = 30$

6 위의 곱셈표를 보고 곱이 45인 곱셈구구를 모두 쓰시오.

문제 이해하기 **45** 에서 만나는 세로줄과 가로줄의 수를 찾아보면
45는 5와 $\boxed{9}$ 의 곱
➡ $5 \times \boxed{9} = 45$, $\boxed{9} \times 5 = 45$

답 구하기 $\boxed{5} \times \boxed{9} = 45$,
$\boxed{9} \times \boxed{5} = 45$

정답 확인 오늘 나의 실력은? 부모님 확인

101

재미있는 수학 놀이터

엄마의 심부름

윤지는 엄마의 심부름을 가요. 사야 하는 물건을 엄마가 곱셈표 암호로 적어 주셨네요. 쪽지 속 물건을 사려면 윤지는 어디로 가야 할까요? 윤지가 가야 하는 가게에 ○표 하세요.

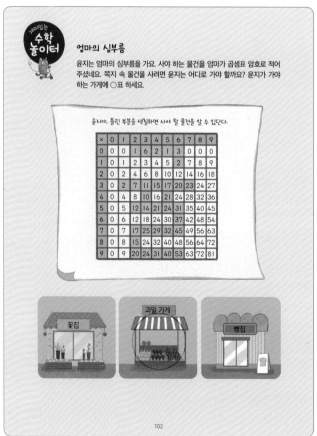

윤지야, 틀린 부분을 색칠하면 사야 할 물건을 알 수 있단다.

×	0	1	2	3	4	5	6	7	8	9
0	0	0	1	6	2	1	3	0	0	0
1	0	1	2	3	4	5	2	7	8	9
2	0	2	4	6	8	10	12	14	16	18
3	0	2	7	11	15	17	20	23	24	27
4	0	4	8	10	16	21	24	28	32	36
5	0	5	12	14	21	31	35	40	45	2
6	0	6	12	18	24	30	37	42	48	54
7	0	7	15	25	32	45	49	56	63	1
8	0	8	15	24	32	40	48	56	64	72
9	0	9	20	24	31	60	53	72	81	64

꽃집   과일 가게   빵집

102

23

5주 4일 교과서 곱셈구구

단원 마무리

01 구슬의 수를 바르게 나타낸 것을 모두 찾아 기호를 쓰시오.

⊙ 7+7=14   ⓒ 7×2=14
ⓒ 7×7=49   ② 7+2=9

문제 이해하기 구슬의 수는 7씩 2묶음입니다.
7+7=14 ➡ 7×2=14

구하기 ⊙, ⓒ

02 5단 곱셈구구의 곱을 모두 골라 ○표 하시오.

1	2	3	4	(5)	6	7	8	9	(10)
11	12	13	14	(15)	16	17	18	19	(20)
21	22	23	24	(25)	26	27	28	29	(30)
31	32	33	34	(35)	36	37	38	39	(40)
41	42	43	44	(45)					

문제 이해하기 5단 곱셈구구에서 곱하는 수가 1씩 커지면 곱은 5씩 커집니다.

| × | 1 | 2 | 3 | 4 | 5 | 6 | 7 | 8 | 9 |
| 5 | 5 | 10 | 15 | 20 | 25 | 30 | 35 | 40 | 45 |

+5 +5 +5 +5 +5 +5 +5 +5

구하기 5, 10, 15, 20, 25, 30, 35, 40, 45에 ○표

103

단원 마무리

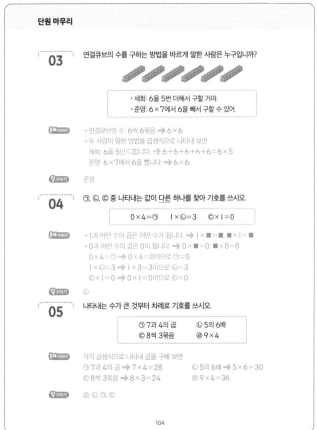

03 연결큐브의 수를 구하는 방법을 바르게 말한 사람은 누구입니까?

• 세희: 6을 5번 더해서 구할 거야.
• 준영: 6×7에서 6을 빼서 구할 수 있어.

문제 이해하기
• 연결큐브의 수: 6씩 6묶음 ➡ 6×6
• 두 사람이 말한 방법을 곱셈식으로 나타내 보면
세희: 6을 5번 더합니다. ➡ 6+6+6+6+6=6×5
준영: 6×7에서 6을 뺍니다. ➡ 6×6

구하기 준영

04 ⊙, ⓒ, ⓒ 중 나타내는 값이 다른 하나를 찾아 기호를 쓰시오.

0×4=⊙   1×ⓒ=3   ⓒ×1=0

문제 이해하기
• 1과 어떤 수의 곱은 어떤 수가 됩니다. ➡ 1×■=■, ■×1=■
• 0과 어떤 수의 곱은 0이 됩니다. ➡ 0×■=0, ■×0=0
0×4 ➡ 0×4=0이므로 ⊙=0
1×ⓒ=3 ➡ 1×3=3이므로 ⓒ=3
ⓒ×1=0 ➡ 0×1=0이므로 ⓒ=0

구하기 ⓒ

05 나타내는 수가 큰 것부터 차례로 기호를 쓰시오.

⊙ 7과 4의 곱   ⓒ 5의 6배
ⓒ 8씩 3묶음   ② 9×4

문제 이해하기 각각 곱셈식으로 나타내 곱을 구해 보면
⊙ 7과 4의 곱 ➡ 7×4=28   ⓒ 5의 6배 ➡ 5×6=30
ⓒ 8씩 3묶음 ➡ 8×3=24   ② 9×4=36

구하기 ②, ⓒ, ⊙, ⓒ

104

교과서 곱셈구구

06 무당벌레는 다리가 6개이고, 거미는 다리가 8개입니다. 무당벌레 9마리와 거미 4마리의 다리는 모두 몇 개입니까?

문제 이해하기
• (무당벌레의 다리 수)=6×9=54
• (거미의 다리 수)=8×4=32
➡ (다리 수의 합)=54+32=86

구하기 86개

07 □ 안에 알맞은 수를 구하시오.

6×□=4×9

문제 이해하기 4×9=36이므로 6×□=36이 되는 □를 찾아보면
➡ 6단 곱셈구구에서 6×6=36이므로 □=6

구하기 6

08 곱셈표를 완성하고, 곱이 18인 곱셈식을 모두 쓰시오.

×	2	3	4	5	6	7	8	9
2	4	6	8	10	12	14	16	18
3	6	9	12	15	18	21	24	27
4	8	12	16	20	24	28	32	36
5	10	15	20	25	30	35	40	45
6	12	18	24	30	36	42	48	54
7	14	21	28	35	42	49	56	63
8	16	24	32	40	48	56	64	72
9	18	27	36	45	54	63	72	81

문제 이해하기 곱셈표를 완성한 다음 18에서 만나는 세로줄과 가로줄의 수를 찾아보면
18은 2와 9의 곱 ➡ 2×9=18, 9×2=18
18은 3과 6의 곱 ➡ 3×6=18, 6×3=18

구하기 2×9=18, 9×2=18, 3×6=18, 6×3=18

105

단원 마무리

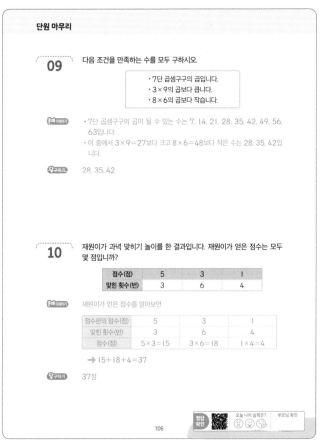

09 다음 조건을 만족하는 수를 모두 구하시오.

• 7단 곱셈구구의 곱입니다.
• 3×9의 곱보다 큽니다.
• 8×6의 곱보다 작습니다.

문제 이해하기
• 7단 곱셈구구의 곱이 될 수 있는 수는 7, 14, 21, 28, 35, 42, 49, 56, 63입니다.
• 이 중에서 3×9=27보다 크고 8×6=48보다 작은 수는 28, 35, 42입니다.

구하기 28, 35, 42

10 재원이가 과녁 맞히기 놀이를 한 결과입니다. 재원이가 얻은 점수는 모두 몇 점입니까?

점수(점)	5	3	1
맞힌 횟수(번)	3	6	4

문제 이해하기 재원이가 얻은 점수를 알아보면

점수판의 점수(점)	5	3	1
맞힌 횟수(번)	3	6	4
점수(점)	5×3=15	3×6=18	1×4=4

➡ 15+18+4=37

구하기 37점

106

5주
5일

교과서 길이 재기

m 알아보기

• 100 cm = 1 m
• 130 cm는 1 m보다 30 cm 더 깁니다.

100 cm = 1 m   30 cm

1 m 30 cm

130 cm = 1 m 30 cm

실력 확인하기

빈칸에 알맞은 수를 써넣으시오.

1 100 cm = [1] m

2 300 cm = [3] m

3 2 m = [200] cm

4 4 m = [400] cm

5 540 cm = [5] m [40] cm

6 752 cm = [7] m [52] cm

7 4 m 87 cm = [487] cm

8 9 m 3 cm = [903] cm

---

1 빗자루의 길이를 바르게 쓴 것을 모두 골라 ○표 하시오.

1 m 4 cm   (1 m 40 cm)   104 cm   (140 cm)

문제 이해하기 빗자루의 한끝을 줄자의 눈금 [0] 에 맞추었을 때
다른 쪽 끝에 있는 줄자의 눈금을 읽으면 [140] 입니다.

➡ [140] cm = [1] m [40] cm

140 cm는
1 m보다 40 cm 더 깁니.

답구하기 [1] m [40] cm, [140] cm에 ○표

2 승희의 키는 몇 m 몇 cm입니까?

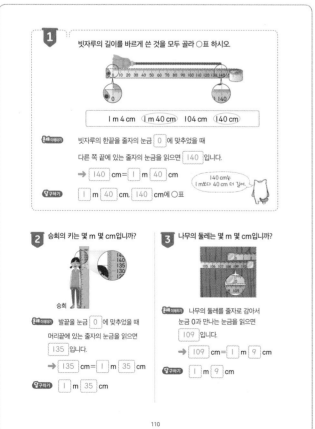

승희

문제 이해하기 발끝을 눈금 [0] 에 맞추었을 때
머리끝에 있는 줄자의 눈금을 읽으면
[135] 입니다.

➡ [135] cm = [1] m [35] cm

답구하기 [1] m [35] cm

3 나무의 둘레는 몇 m 몇 cm입니까?

문제 이해하기 나무의 둘레를 줄자로 감아서
눈금 0과 만나는 눈금을 읽으면
[109] 입니다.

➡ [109] cm = [1] m [9] cm

답구하기 [1] m [9] cm

---

4 놀이공원에 키가 1 m 50 cm를 넘어야 탈 수 있는 놀이 기구가 있습니다. 놀이 기구를 탈 수 있는 사람을 모두 찾아 이름을 쓰시오.

내 키는 1 m 54 cm야. — 소윤
내 키는 1 m 47 cm야. — 이준
내 키는 152 cm야. — 라온

문제 이해하기
• 세 사람의 키를 몇 m 몇 cm로 나타내 보면
소윤: 1 m 54 cm   이준: 1 m 47 cm
라온: 152 cm = [1] m [52] cm

• 키가 1 m 50 cm보다 (큰), 작은 사람만 놀이 기구를 탈 수 있습니다.

➡ 1 m 47 cm < 1 m 50 cm < [1] m [52] cm < 1 m 54 cm

답구하기 [소윤], [라온]

5 2 m보다 짧은 길이를 모두 찾아 기호를 쓰시오.

㉠ 190 cm   ㉡ 2 m 4 cm
㉢ 1 m 78 cm   ㉣ 300 cm

문제 이해하기 길이를 몇 m 몇 cm로 나타내 보면
㉠ 190 cm = [1] m [90] cm
㉡ 2 m 4 cm
㉢ 1 m 78 cm
㉣ 300 cm = [3] m

답구하기 [㉠], [㉢]

6 긴 길이부터 차례로 기호를 쓰시오.

㉠ 8 m 30 cm   ㉡ 738 cm
㉢ 803 cm   ㉣ 7 m 83 cm

문제 이해하기 길이를 몇 m 몇 cm로 나타내 보면
㉠ 8 m 30 cm
㉡ 738 cm = [7] m [38] cm
㉢ 803 cm = [8] m [3] cm
㉣ 7 m 83 cm

답구하기 [㉢], [㉠], [㉣], [㉡]

재미있는 **수학 놀이터**

터널을 통과해요

덩치 큰 차들의 경주가 시작됐어요. 각각의 차마다 차의 높이가 적혀 있네요. 달리던 차들 앞에 3 m 15 cm 높이의 터널이 나타났어요. 터널을 통과하지 못하는 차를 모두 찾아 ○표 하세요.

25

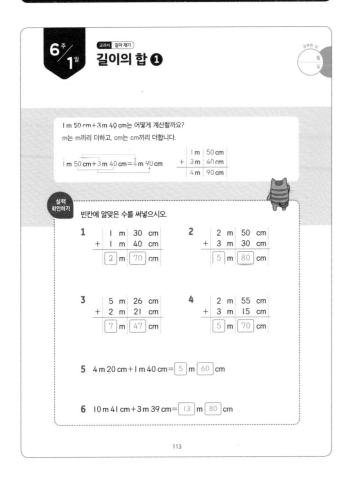

6주/1일 교과서 길이 재기

길이의 합 ❶

I m 50 cm+3 m 40 cm는 어떻게 계산할까요?
m는 m끼리 더하고, cm는 cm끼리 더합니다.

I m 50 cm+3 m 40 cm=4 m 90 cm

	I m	50 cm
+	3 m	40 cm
	4 m	90 cm

실력 확인하기

빈칸에 알맞은 수를 써넣으시오

1
	I m	30 cm
+	I m	40 cm
	2 m	70 cm

2
	2 m	50 cm
+	3 m	30 cm
	5 m	80 cm

3
	5 m	26 cm
+	2 m	21 cm
	7 m	47 cm

4
	2 m	55 cm
+	3 m	15 cm
	5 m	70 cm

5 4 m 20 cm+I m 40 cm= 5 m 60 cm

6 10 m 41 cm+3 m 39 cm= 13 m 80 cm

113

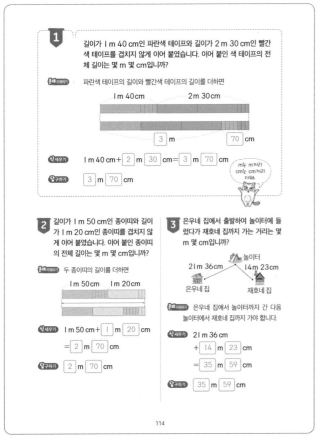

1 길이가 I m 40 cm인 파란색 테이프와 길이가 2 m 30 cm인 빨간색 테이프를 겹치지 않게 이어 붙였습니다. 이어 붙인 색 테이프의 전체 길이는 몇 m 몇 cm입니까?

문제 이해하기 파란색 테이프의 길이와 빨간색 테이프의 길이를 더하면

I m 40 cm   2 m 30 cm

3 m   70 cm

식 세우기 I m 40 cm+ 2 m 30 cm= 3 m 70 cm

답 구하기 3 m 70 cm

m는 m끼리
cm는 cm끼리
더해요.

2 길이가 I m 50 cm인 종이띠와 길이가 I m 20 cm인 종이띠를 겹치지 않게 이어 붙였습니다. 이어 붙인 종이띠의 전체 길이는 몇 m 몇 cm입니까?

문제 이해하기 두 종이띠의 길이를 더하면

I m 50 cm   I m 20 cm

식 세우기 I m 50 cm+ I m 20 cm

= 2 m 70 cm

답 구하기 2 m 70 cm

3 은우네 집에서 출발하여 놀이터에 들렀다가 재호네 집까지 가는 거리는 몇 m 몇 cm입니까?

놀이터
21 m 36 cm   14 m 23 cm
은우네 집   재호네 집

문제 이해하기 은우네 집에서 놀이터까지 간 다음 놀이터에서 재호네 집까지 가야 합니다.

식 세우기
21 m 36 cm
+ 14 m 23 cm
= 35 m 59 cm

답 구하기 35 m 59 cm

114

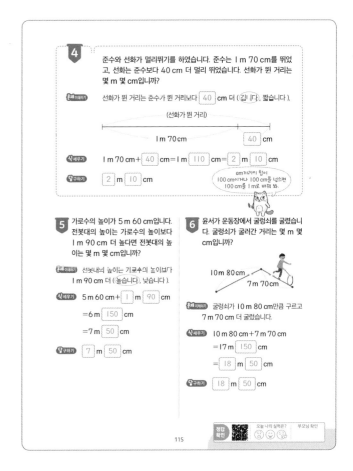

4 준수와 선화가 멀리뛰기를 하였습니다. 준수는 I m 70 cm를 뛰었고, 선화는 준수보다 40 cm 더 멀리 뛰었습니다. 선화가 뛴 거리는 몇 m 몇 cm입니까?

문제 이해하기 선화가 뛴 거리는 준수가 뛴 거리보다 40 cm 더 (깁니다 , 짧습니다).

(선화가 뛴 거리)

I m 70 cm   40 cm

식 세우기 I m 70 cm+ 40 cm=I m 110 cm= 2 m 10 cm

답 구하기 2 m 10 cm

cm끼리의 합이
100 cm이거나 100 cm를 넘으면
100 cm를 I m로 바꿔 봐.

5 가로수의 높이가 5 m 60 cm입니다. 전봇대의 높이는 가로수의 높이보다 I m 90 cm 더 높다면 전봇대의 높이는 몇 m 몇 cm입니까?

문제 이해하기 선봇대의 높이는 가로수의 높이보다 I m 90 cm 더 (높습니다 , 낮습니다).

식 세우기 5 m 60 cm+ I m 90 cm

=6 m 150 cm

=7 m 50 cm

답 구하기 7 m 50 cm

6 윤서가 운동장에서 굴렁쇠를 굴렸습니다. 굴렁쇠가 굴러간 거리는 몇 m 몇 cm입니까?

10 m 80 cm   7 m 70 cm

문제 이해하기 굴렁쇠가 10 m 80 cm만큼 구르고 7 m 70 cm 더 굴렀습니다.

식 세우기 10 m 80 cm+7 m 70 cm

= 17 m 150 cm

= 18 m 50 cm

답 구하기 18 m 50 cm

정답 확인   오늘 나의 실력은?   부모님 확인

115

재미있는 수학 놀이터

범인을 찾아라!

도시 한복판에서 사라진 범인! 도망친 거리의 합이 34 m 50 cm인 곳에 범인이 숨어 있어요. 범인은 어디 숨어 있을까요? ○표 하고 빈칸에 써 보세요.

28 m 40 cm
24
편의점
11 m 10 cm   35 m 90 cm
17 m 30 cm   아파트
11 m 10 cm   24 m 80 cm
11 m 30 cm
23 m 20 cm   백화점
34 m 50 cm

범인이 숨은 곳은
백화점 이야!

116

26

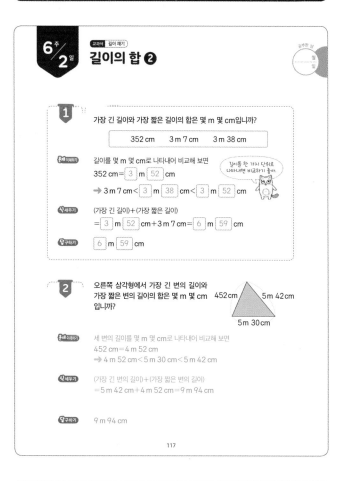

6 / 2일

교과서 길이 재기

길이의 합 ❷

1
가장 긴 길이와 가장 짧은 길이의 합은 몇 m 몇 cm입니까?

| 352 cm | 3 m 7 cm | 3 m 38 cm |

문제 이해하기
길이를 몇 m 몇 cm로 나타내어 비교해 보면

길이를 한 가지 단위로 나타내면 비교하기 좋아.

352 cm = $\boxed{3}$ m $\boxed{52}$ cm

➔ 3 m 7 cm < $\boxed{3}$ m $\boxed{38}$ cm < $\boxed{3}$ m $\boxed{52}$ cm

식 세우기
(가장 긴 길이)+(가장 짧은 길이)
= $\boxed{3}$ m $\boxed{52}$ cm + 3 m 7 cm = $\boxed{6}$ m $\boxed{59}$ cm

답 구하기
$\boxed{6}$ m $\boxed{59}$ cm

2
오른쪽 삼각형에서 가장 긴 변의 길이와 가장 짧은 변의 길이의 합은 몇 m 몇 cm 입니까?

452 cm
5 m 42 cm
5 m 30 cm

문제 이해하기
세 변의 길이를 몇 m 몇 cm로 나타내어 비교해 보면
452 cm = 4 m 52 cm
➔ 4 m 52 cm < 5 m 30 cm < 5 m 42 cm

식 세우기
(가장 긴 변의 길이)+(가장 짧은 변의 길이)
= 5 m 42 cm + 4 m 52 cm = 9 m 94 cm

답 구하기
9 m 94 cm

117

3
수 카드 3장을 한 번씩 사용하여 만들 수 있는 □ m □□ cm 중 가장 짧은 길이와 4 m 22 cm의 합을 구하시오.

| 5 | 3 | 7 |

문제 이해하기
수 카드의 수의 크기를 비교해 보면 3 < 5 < 7
➔ 만들 수 있는 가장 짧은 길이: $\boxed{3}$ m $\boxed{57}$ cm

식 세우기

```
   3   57  cm
+  4   22  cm
   7   79  cm
```

■ m ★▲ cm = ▲ ■ ★ cm이므로
■에 가장 작은 수를 놓고
★에 가장 큰 수를 놓으면
가장 짧은 길이가 돼.

답 구하기
$\boxed{7}$ m $\boxed{79}$ cm

4
수 카드 3장을 한 번씩 사용하여 만들 수 있는 □ m □□ cm 중 가장 긴 길이와 5 m 17 cm의 합을 구하시오

| 6 | 0 | 4 |

문제 이해하기
수 카드의 수의 크기를 비교해 보면 6 > 4 > 0
➔ 만들 수 있는 가장 긴 길이: 6 m 40 cm

식 세우기

```
   6   40  cm
+  5   17  cm
  11   57  cm
```

답 구하기
11 m 57 cm

118

5
세영이가 집에서 출발하여 도서관에 가려고 합니다. 병원과 은행 중 어느 곳을 거쳐서 가는 길이 더 가깝습니까?

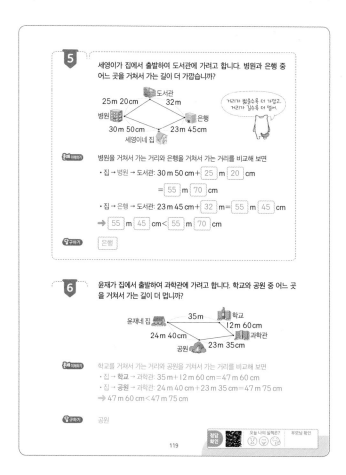

도서관
25 m 20 cm   32 m
병원   은행
30 m 50 cm   23 m 45 cm
세영이네 집

거리가 짧을수록 더 가깝고, 거리가 길수록 더 멀어.

문제 이해하기
병원을 거쳐서 가는 거리와 은행을 거쳐서 가는 거리를 비교해 보면
• 집 → 병원 → 도서관: 30 m 50 cm + $\boxed{25}$ m $\boxed{20}$ cm
  = $\boxed{55}$ m $\boxed{70}$ cm
• 집 → 은행 → 도서관: 23 m 45 cm + $\boxed{32}$ m = $\boxed{55}$ m $\boxed{45}$ cm
➔ $\boxed{55}$ m $\boxed{45}$ cm < $\boxed{55}$ m $\boxed{70}$ cm

답 구하기
은행

6
윤재가 집에서 출발하여 과학관에 가려고 합니다. 학교와 공원 중 어느 곳을 거쳐서 가는 길이 더 멉니까?

35 m
윤재네 집   학교
24 m 40 cm   12 m 60 cm
공원   과학관
              23 m 35 cm

문제 이해하기
학교를 거쳐서 가는 거리와 공원을 거쳐서 가는 거리를 비교해 보면
• 집 → 학교 → 과학관: 35 m + 12 m 60 cm = 47 m 60 cm
• 집 → 공원 → 과학관: 24 m 40 cm + 23 m 35 cm = 47 m 75 cm
➔ 47 m 60 cm < 47 m 75 cm

답 구하기
공원

119

재미있는 **수학 놀이터**

용왕님의 편지

용왕님이 보내신 편지가 찢어졌어요. 찢어지기 전 편지 길이는 5 m 47 cm 였대요. 찢어진 조각 중 용왕님의 편지를 찾아 거북이가 할 일에 ○표 하세요.

2 m 18 cm
거북이는

3 m 99 cm
토끼를 용궁으로 데려오거라.
2 m 18 cm + 3 m 99 cm = 6 m 17 cm

3 m 51 cm
토끼와 달리기 시합을 하거라.
2 m 18 cm + 3 m 51 cm = 5 m 69 cm

3 m 29 cm
토끼와 밥을 먹거라.
2 m 18 cm + 3 m 29 cm = 5 m 47 cm

120

27

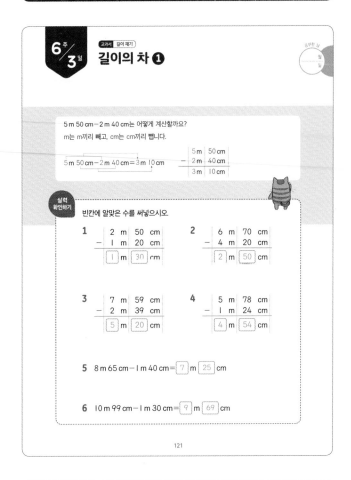

6주/3일 · 교과서 길이 재기
길이의 차 ❶

5 m 50 cm − 2 m 40 cm는 어떻게 계산할까요?
m는 m끼리 빼고, cm는 cm끼리 뺍니다.

5 m 50 cm − 2 m 40 cm = 3 m 10 cm

```
    5 m  50 cm
  − 2 m  40 cm
    3 m  10 cm
```

실력 확인하기
빈칸에 알맞은 수를 써넣으시오.

1
```
    2 m  50 cm
  − 1 m  20 cm
    1 m  30 cm
```

2
```
    6 m  70 cm
  − 4 m  20 cm
    2 m  50 cm
```

3
```
    7 m  59 cm
  − 2 m  39 cm
    5 m  20 cm
```

4
```
    5 m  78 cm
  − 1 m  24 cm
    4 m  54 cm
```

5 8 m 65 cm − 1 m 40 cm = 7 m 25 cm

6 10 m 99 cm − 1 m 30 cm = 9 m 69 cm

121

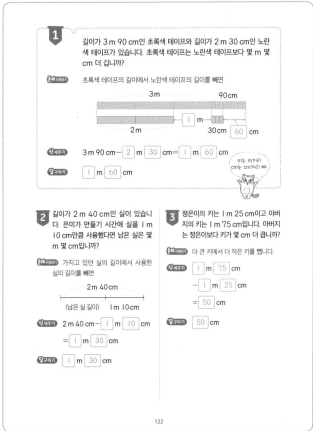

1 길이가 3 m 90 cm인 초록색 테이프와 길이가 2 m 30 cm인 노란색 테이프가 있습니다. 초록색 테이프는 노란색 테이프보다 몇 m 몇 cm 더 깁니까?

문제 이해하기 초록색 테이프의 길이에서 노란색 테이프의 길이를 빼면

(3m, 90cm / 2m, 30cm, 60cm)

식 세우기 3 m 90 cm − 2 m 30 cm = 1 m 60 cm
구하기 1 m 60 cm

m는 m끼리 cm는 cm끼리 빼.

2 길이가 2 m 40 cm인 실이 있습니다. 은미가 만들기 시간에 실을 1 m 10 cm만큼 사용했다면 남은 실은 몇 m 몇 cm입니까?

문제 이해하기 가지고 있던 실의 길이에서 사용한 실의 길이를 빼면

2m 40cm
(남은 실 길이) 1m 10cm

식 세우기 2 m 40 cm − 1 m 10 cm
= 1 m 30 cm
구하기 1 m 30 cm

3 정은이의 키는 1 m 25 cm이고 아버지의 키는 1 m 75 cm입니다. 아버지는 정은이보다 키가 몇 cm 더 큽니까?

문제 이해하기 더 큰 키에서 더 작은 키를 뺍니다.
식 세우기 1 m 75 cm
− 1 m 25 cm
= 50 cm
구하기 50 cm

122

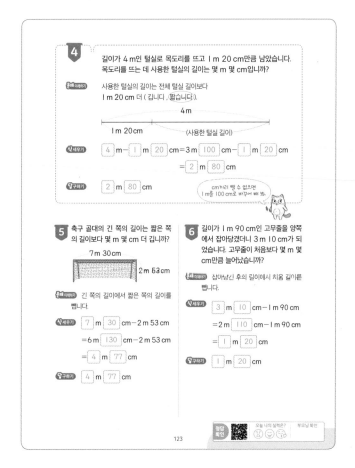

4 길이가 4 m인 털실로 목도리를 뜨고 1 m 20 cm만큼 남았습니다. 목도리를 뜨는 데 사용한 털실의 길이는 몇 m 몇 cm입니까?

문제 이해하기 사용한 털실의 길이는 전체 털실 길이보다 1 m 20 cm 더 (깁니다 , 짧습니다).

(4m / 1m 20cm / (사용한 털실 길이))

식 세우기 4 m − 1 m 20 cm = 3 m 100 cm − 1 m 20 cm
= 2 m 80 cm
구하기 2 m 80 cm

cm끼리 뺄 수 없으면 1 m를 100 cm로 바꾸어 빼.

5 축구 골대의 긴 쪽의 길이는 짧은 쪽의 길이보다 몇 m 몇 cm 더 깁니까?

7m 30cm
2m 53cm

문제 이해하기 긴 쪽의 길이에서 짧은 쪽의 길이를 뺍니다.
식 세우기 7 m 30 cm − 2 m 53 cm
= 6 m 130 cm − 2 m 53 cm
= 4 m 77 cm
구하기 4 m 77 cm

6 길이가 1 m 90 cm인 고무줄을 양쪽에서 잡아당겼더니 3 m 10 cm가 되었습니다. 고무줄이 처음보다 몇 m 몇 cm만큼 늘어났습니까?

문제 이해하기 잡아당긴 후의 길이에서 처음 길이를 뺍니다.

식 세우기 3 m 10 cm − 1 m 90 cm
= 2 m 110 cm − 1 m 90 cm
= 1 m 20 cm
구하기 1 m 20 cm

정답 확인 · 오늘 나의 실력은? · 부모님 확인

123

재미있는 수학 놀이터

얼마나 남았을까요?

밧줄 장수가 4 m의 밧줄을 가지고 길을 떠났어요. 길을 따라가며 필요한 사람들에게 잘라 주고 얼마나 남았을까요? 말풍선 속 빈칸에 써 보세요.

6주 4일 교과서 길이 재기

길이의 차 ❷

공부한 날
월 일

1 수 카드 3장을 한 번씩 사용하여 만들 수 있는 □ m □□ cm 중 가장 긴 길이와 2 m 30 cm의 차를 구하시오.

2	9	6

문제 이해하기 수 카드의 수의 크기를 비교해 보면 9 > 6 > 2

➜ 만들 수 있는 가장 긴 길이: 9 m 62 cm

식 세우기

```
  9 m 62 cm
- 2 m 30 cm
  7 m 32 cm
```

답 구하기 7 m 32 cm

2 수 카드 3장을 한 번씩 사용하여 만들 수 있는 □ m □□ cm 중 가장 짧은 길이와 7 m 58 cm의 차를 구하시오.

3	1	4

문제 이해하기 수 카드의 수의 크기를 비교해 보면 1 < 3 < 4

➜ 만들 수 있는 가장 짧은 길이: 1 m 34 cm

식 세우기

```
  7 m 58 cm
- 1 m 34 cm
  6 m 24 cm
```

답 구하기 6 m 24 cm

125

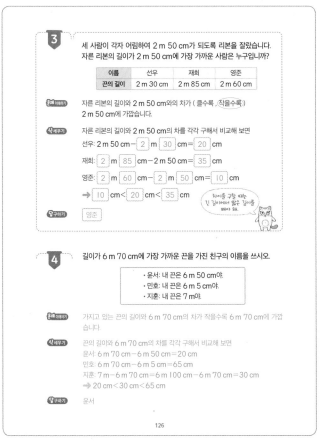

3 세 사람이 각자 어림하여 2 m 50 cm가 되도록 리본을 잘랐습니다. 자른 리본의 길이가 2 m 50 cm에 가장 가까운 사람은 누구입니까?

이름	선우	재희	영준
끈의 길이	2 m 30 cm	2 m 85 cm	2 m 60 cm

문제 이해하기 자른 리본의 길이와 2 m 50 cm와의 차가 (클수록 , 작을수록) 2 m 50 cm에 가깝습니다.

식 세우기 자른 리본의 길이와 2 m 50 cm의 차를 각각 구해서 비교해 보면
선우: 2 m 50 cm − 2 m 30 cm = 20 cm
재희: 2 m 85 cm − 2 m 50 cm = 35 cm
영준: 2 m 60 cm − 2 m 50 cm = 10 cm

➜ 10 cm < 20 cm < 35 cm

차이를 구할 때는 긴 길이에서 짧은 길이를 빼요 꼭.

답 구하기 영준

4 길이가 6 m 70 cm에 가장 가까운 끈을 가진 친구의 이름을 쓰시오.

· 윤서: 내 끈은 6 m 50 cm야.
· 민호: 내 끈은 6 m 5 cm야.
· 지훈: 내 끈은 7 m야.

문제 이해하기 가지고 있는 끈의 길이와 6 m 70 cm의 차가 작을수록 6 m 70 cm에 가깝습니다.

식 세우기 끈의 길이와 6 m 70 cm의 차를 각각 구해서 비교해 보면
윤서: 6 m 70 cm − 6 m 50 cm = 20 cm
민호: 6 m 70 cm − 6 m 5 cm = 65 cm
지훈: 7 m − 6 m 70 cm = 6 m 100 cm − 6 m 70 cm = 30 cm

➜ 20 cm < 30 cm < 65 cm

답 구하기 윤서

126

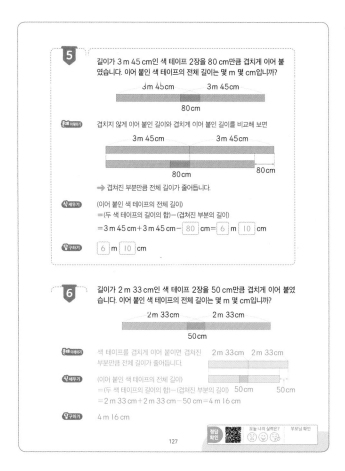

5 길이가 3 m 45 cm인 색 테이프 2장을 80 cm만큼 겹치게 이어 붙였습니다. 이어 붙인 색 테이프의 전체 길이는 몇 m 몇 cm입니까?

문제 이해하기 겹치지 않게 이어 붙인 길이와 겹치게 이어 붙인 길이를 비교해 보면

➜ 겹쳐진 부분만큼 전체 길이가 줄어듭니다.

식 세우기 (이어 붙인 색 테이프의 전체 길이)
=(두 색 테이프의 길이의 합)−(겹쳐진 부분의 길이)
=3 m 45 cm + 3 m 45 cm − 80 cm = 6 m 10 cm

답 구하기 6 m 10 cm

6 길이가 2 m 33 cm인 색 테이프 2장을 50 cm만큼 겹치게 이어 붙였습니다. 이어 붙인 색 테이프의 전체 길이는 몇 m 몇 cm입니까?

문제 이해하기 색 테이프를 겹치게 이어 붙이면 겹쳐진 부분만큼 전체 길이가 줄어듭니다.

식 세우기 (이어 붙인 색 테이프의 전체 길이)
=(두 색 테이프의 길이의 합)−(겹쳐진 부분의 길이)
=2 m 33 cm + 2 m 33 cm − 50 cm = 4 m 16 cm

답 구하기 4 m 16 cm

127

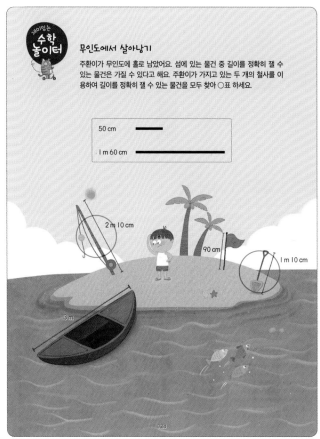

재미있는 **수학놀이터**

무인도에서 살아남기

주환이가 무인도에 홀로 남았어요. 섬에 있는 물건 중 길이를 정확히 잴 수 있는 물건은 가질 수 있다고 해요. 주환이가 가지고 있는 두 개의 철사를 이용하여 길이를 정확히 잴 수 있는 물건을 모두 찾아 ○표 하세요.

50 cm

1 m 60 cm

2 m 10 cm

90 cm

1 m 10 cm

3 m

6주 5일 교과서 길이 재기
길이 어림하기 ❶

내 몸의 일부를 이용하여 길이를 어림할 수 있어요.

예 몸에서 약 1 m인 길이 찾기

실력 확인하기

1 m보다 긴 길이에 ○표, 1 m보다 짧은 길이에 △표 하시오.

1
(○) (△) (△) (○)

2
(△) (○) (△) (△)

129

---

1 길이가 1 m보다 짧은 것을 모두 찾아 기호를 쓰시오.

⊙ 방문의 높이   ⓒ 반바지의 길이   ⓒ 식탁의 높이

문제 이해하기 몸 길이를 이용하여 주어진 길이를 어림해 보면

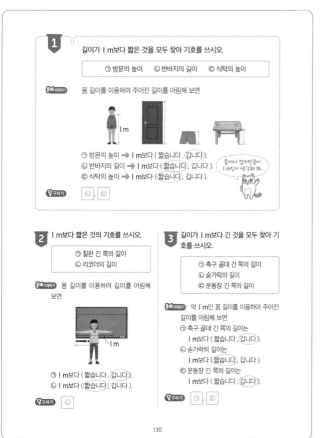

⊙ 방문의 높이 ➡ 1 m보다 (짧습니다 , 깁니다).
ⓒ 반바지의 길이 ➡ 1 m보다 (짧습니다 , 깁니다).
ⓒ 식탁의 높이 ➡ 1 m보다 (짧습니다 , 깁니다).

몸에서 얼마만큼이 1 m인지 생각해 봐!

구하기 ⓒ , ⓒ

---

2 1 m보다 짧은 것의 기호를 쓰시오

⊙ 칠판 긴 쪽의 길이
ⓒ 리코더의 길이

문제 이해하기 몸 길이를 이용하여 길이를 어림해 보면

⊙ 1 m보다 (짧습니다 , 깁니다).
ⓒ 1 m보다 (짧습니다 , 깁니다).

구하기 ⓒ

---

3 길이가 1 m보다 긴 것을 모두 찾아 기호를 쓰시오.

⊙ 축구 골대 긴 쪽의 길이
ⓒ 숟가락의 길이
ⓒ 운동장 긴 쪽의 길이

문제 이해하기 약 1 m인 몸 길이를 이용하여 주어진 길이를 어림해 보면
⊙ 축구 골대 긴 쪽의 길이는
  1 m보다 (짧습니다 , 깁니다).
ⓒ 숟가락의 길이는
  1 m보다 (짧습니다 , 깁니다).
ⓒ 운동장 긴 쪽의 길이는
  1 m보다 (짧습니다 , 깁니다).

구하기 ⊙ , ⓒ

130

---

4 빈칸에 cm와 m 중 알맞은 단위를 써넣으시오.

• 칫솔의 길이는 약 20 [ ]입니다.
• 침대 긴 쪽의 길이는 약 2 [ ]입니다.
• 에어컨의 높이는 약 200 [ ]입니다.

문제 이해하기 적절한 단위로 길이를 어림해 보면

➡ 약 20 (cm , m)   ➡ 약 2 (cm , m)   ➡ 약 200 (cm , m)

구하기 cm , m , cm

---

5 빈칸에 cm와 m 중 알맞은 단위를 써 넣으시오.

• 연필의 길이: 약 15 [ ]
• 트럭의 길이: 약 5 [ ]

문제 이해하기 적절한 단위로 길이를 어림해 보면

➡ 약 15 (cm , m)

➡ 약 5 (cm , m)

구하기 cm , m

---

6 빈칸에 알맞은 길이를 써넣으시오.

8 cm   180 cm   8 m

• 종이컵의 높이: 약 [ ]
• 줄넘기의 길이: 약 [ ]

문제 이해하기 길이를 어림해 보면

➡ 약 8 cm

➡ 약 180 cm

구하기 8 cm , 180 cm

131

재미있는 수학 놀이터

길이의 주인 찾기

세혁이가 동네에서 주변에 있는 여러 가지 물체의 길이를 재었어요. 그런데 친구가 길이를 적어 놓은 종이를 모두 떼어 놓았네요. 길이가 써 있는 종이를 알맞은 위치에 선으로 이어 보세요.

50 cm   15 cm   1 m   15 m   2 m

132

7주 1일 교과서 길이 재기

길이 어림하기 ❷

1 수호의 걸음으로 두 걸음이 1 m라면 사물함의 길이는 약 몇 m입니까?

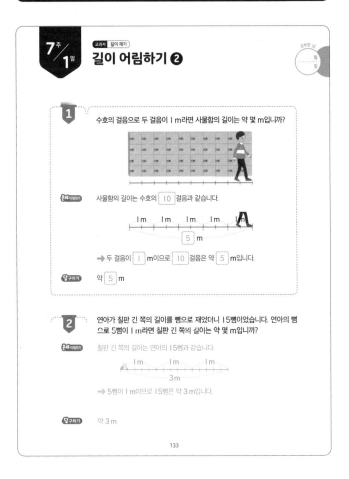

원리 이해하기
사물함의 길이는 수호의 [10] 걸음과 같습니다.

| 1m | 1m | 1m | 1m | 1m |

5 m

➡ 두 걸음이 [1] m이므로 [10] 걸음은 약 [5] m입니다.

요구하기 약 [5] m

2 연아가 칠판 긴 쪽의 길이를 뼘으로 재었더니 15뼘이었습니다. 연아의 뼘으로 5뼘이 1 m라면 칠판 긴 쪽의 길이는 약 몇 m입니까?

원리 이해하기
칠판 긴 쪽의 길이는 연아의 15뼘과 같습니다.

| 1m | 1m | 1m |

3m

➡ 5뼘이 1 m이므로 15뼘은 약 3 m입니다.

요구하기 약 3 m

133

3 오토바이의 길이가 2 m일 때 버스의 길이는 약 몇 m입니까?

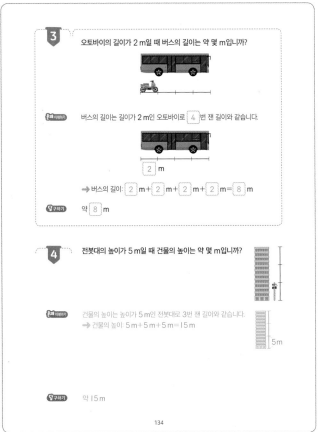

원리 이해하기
버스의 길이는 길이가 2 m인 오토바이로 [4] 번 잰 길이와 같습니다.

[2] m

➡ 버스의 길이: [2] m+[2] m+[2] m+[2] m=[8] m

요구하기 약 [8] m

4 전봇대의 높이가 5 m일 때 건물의 높이는 약 몇 m입니까?

원리 이해하기
건물의 높이는 높이가 5 m인 전봇대로 3번 잰 길이와 같습니다.
➡ 건물의 높이: 5 m+5 m+5 m=15 m

5m

요구하기 약 15 m

134

5 허리띠의 길이를 다음 세 가지 물건으로 재려고 합니다. 재는 횟수가 많은 것부터 차례로 기호를 쓰시오.

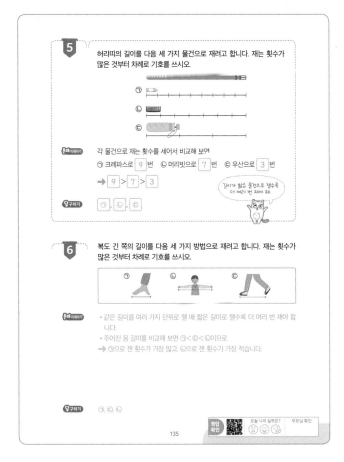

원리 이해하기
각 물건으로 재는 횟수를 세어서 비교해 보면
㉠ 크레파스로 [9] 번 ㉡ 머리빗으로 [7] 번 ㉢ 우산으로 [3] 번
➡ [9] > [7] > [3]

길이가 짧은 물건으로 잴수록 더 여러 번 재야 해.

요구하기 [㉠] [㉡] [㉢]

6 복도 긴 쪽의 길이를 다음 세 가지 방법으로 재려고 합니다. 재는 횟수가 많은 것부터 차례로 기호를 쓰시오.

원리 이해하기
• 같은 길이를 여러 가지 단위로 잴 때 짧은 길이로 잴수록 더 여러 번 재야 합니다.
• 주어진 몸 길이를 비교해 보면 ㉠<㉢<㉡이므로
➡ ㉠으로 잰 횟수가 가장 많고 ㉡으로 잰 횟수가 가장 적습니다.

요구하기 ㉠, ㉢, ㉡

135

재미있는 수학놀이터

누가 누가 많이 재나

세준이네 모둠 친구들이 운동화 바닥에 물감을 묻혀 발자국 찍기 놀이를 했어요. 모둠 친구들이 각자의 운동화를 신고 발로 복도 긴 쪽의 길이를 재려고 해요. 가장 여러 번 재야 하는 친구부터 순서대로 써 보세요.

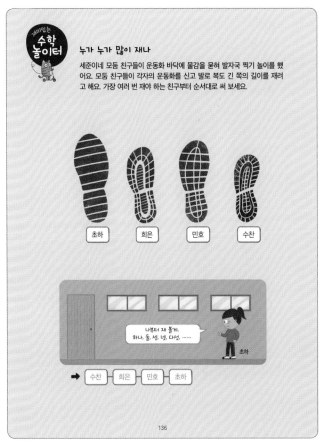

➡ [수찬]-[희은]-[민호]-[초하]

136

단원 마무리

공부한 날
월 일

01

멀리뛰기 기록이 130 cm를 넘어야 대회에 참가할 수 있습니다. 다음 세 사람 중 대회에 참가할 수 있는 사람은 몇 명입니까?

> 다솜: 140 cm 진서: 1 m 3 cm 기혁: 138 cm

문제 이해하기
• 멀리뛰기 기록이 130 cm보다 더 먼 사람만 대회에 참가할 수 있습니다.
• 세 사람의 기록을 몇 cm로 나타내어 비교해 보면
다솜: 140 cm, 진서: 1 m 3 cm=103 cm, 기혁: 138 cm
→ 103 cm<130 cm<138 cm<140 cm

구하기
2명

02

주어진 1 m로 밧줄의 길이를 어림하였습니다. 어림한 밧줄의 길이는 약 몇 m입니까?

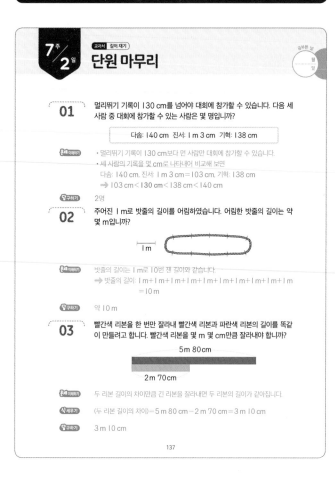

문제 이해하기
밧줄의 길이가 1 m로 10번 잰 길이와 같습니다.
→ 밧줄의 길이: 1 m+1 m+1 m+1 m+1 m+1 m+1 m+1 m+1 m+1 m
=10 m

구하기
약 10 m

03

빨간색 리본을 한 번만 잘라내 빨간색 리본과 파란색 리본의 길이를 똑같이 만들려고 합니다. 빨간색 리본을 몇 m 몇 cm만큼 잘라내야 합니까?

5 m 80 cm

2 m 70 cm

문제 이해하기
두 리본 길이의 차이만큼 긴 리본을 잘라내면 두 리본의 길이가 같아집니다.

식 세우기
(두 리본 길이의 차이)=5 m 80 cm-2 m 70 cm=3 m 10 cm

구하기
3 m 10 cm

137

단원 마무리

04

길이가 1 m보다 긴 것을 모두 찾아 기호를 쓰시오.

> ㉠ 국기 게양대의 높이 ㉡ 숟가락의 길이 ㉢ 줄넘기의 길이

문제 이해하기
약 1 m인 몸 길이를 이용하여 주어진 길이를 어림해 보면

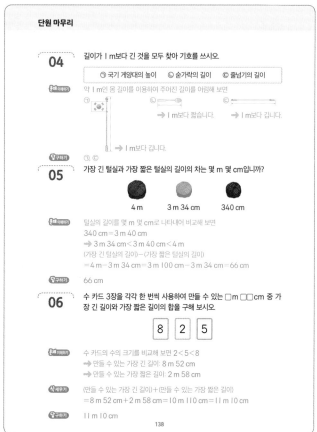

㉡ → 1 m보다 짧습니다. ㉢ → 1 m보다 깁니다.

㉠ → 1 m보다 깁니다.

구하기
㉠, ㉢

05

가장 긴 털실과 가장 짧은 털실의 길이의 차는 몇 m 몇 cm입니까?

4 m   3 m 34 cm   340 cm

문제 이해하기
털실의 길이를 몇 m 몇 cm로 나타내어 비교해 보면
340 cm=3 m 40 cm
→ 3 m 34 cm<3 m 40 cm<4 m
(가장 긴 털실의 길이)-(가장 짧은 털실의 길이)
=4 m-3 m 34 cm=3 m 100 cm-3 m 34 cm=66 cm

구하기
66 cm

06

수 카드 3장을 각각 한 번씩 사용하여 만들 수 있는 □m □□ cm 중 가장 긴 길이와 가장 짧은 길이의 합을 구해 보시오.

8 2 5

문제 이해하기
수 카드의 수의 크기를 비교해 보면 2<5<8
→ 만들 수 있는 가장 긴 길이: 8 m 52 cm
→ 만들 수 있는 가장 짧은 길이: 2 m 58 cm

식 세우기
(만들 수 있는 가장 긴 길이)+(만들 수 있는 가장 짧은 길이)
=8 m 52 cm+2 m 58 cm=10 m 110 cm=11 m 10 cm

구하기
11 m 10 cm

138

07

길이가 2 m 5 cm인 색 테이프 2장을 그림과 같이 70 cm만큼 겹치게 이어 붙였습니다. 이어 붙인 색 테이프의 전체 길이는 몇 m 몇 cm입니까?

2 m 5 cm   2 m 5 cm
70 cm

문제 이해하기
색 테이프를 겹치게 이어 붙이면 겹쳐진 부분만큼 전체 길이가 줄어듭니다.

식 세우기
(이어 붙인 색 테이프의 전체 길이)
=(두 색 테이프의 길이의 합)-(겹쳐진 부분의 길이)
=2 m 5 cm+2 m 5 cm-70 cm
=4 m 10 cm-70 cm=3 m 40 cm

구하기
3 m 40 cm

08

집에서 서점까지 가는 길을 나타낸 것입니다. 집에서 놀이터를 거쳐서 서점까지 가면 집에서 서점으로 바로 가는 것보다 몇 m 몇 cm를 더 가야 합니까?

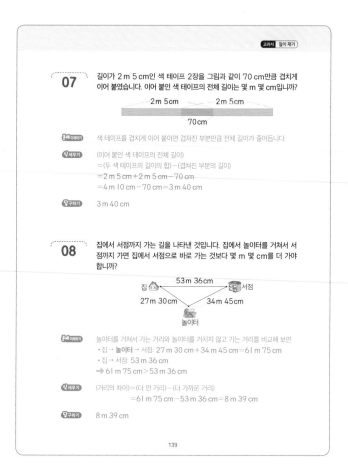

집 53 m 36 cm 서점
27 m 30 cm   34 m 45 cm
놀이터

문제 이해하기
놀이터를 거쳐서 가는 거리와 놀이터를 거치지 않고 가는 거리를 비교해 보면
• 집 → 놀이터 → 서점: 27 m 30 cm+34 m 45 cm=61 m 75 cm
• 집 → 서점: 53 m 36 cm
→ 61 m 75 cm>53 m 36 cm

식 세우기
(거리의 차이)=(더 먼 거리)-(더 가까운 거리)
=61 m 75 cm-53 m 36 cm=8 m 39 cm

구하기
8 m 39 cm

139

단원 마무리

09

5 m에 더 가까운 모둠을 찾아 쓰시오.

승주네 모둠
연아네 모둠

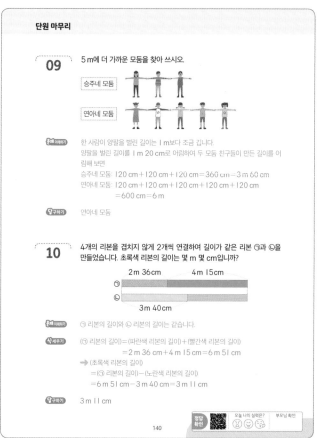

문제 이해하기
한 사람이 양팔을 벌린 길이는 1 m보다 조금 깁니다.
양팔을 벌린 길이를 1 m 20 cm로 어림하여 두 모둠 친구들이 만든 길이를 어림해 보면
승주네 모둠: 120 cm+120 cm+120 cm=360 cm=3 m 60 cm
연아네 모둠: 120 cm+120 cm+120 cm+120 cm+120 cm
=600 cm=6 m

구하기
연아네 모둠

10

4개의 리본을 겹치지 않게 2개씩 연결하여 길이가 같은 리본 ㉠과 ㉡을 만들었습니다. 초록색 리본의 길이는 몇 m 몇 cm입니까?

2 m 36 cm   4 m 15 cm
㉠
㉡
3 m 40 cm

문제 이해하기
㉠ 리본의 길이와 ㉡ 리본의 길이는 같습니다.

식 세우기
(㉠ 리본의 길이)=(파란색 리본의 길이)+(빨간색 리본의 길이)
=2 m 36 cm+4 m 15 cm=6 m 51 cm
→ (초록색 리본의 길이)=(㉡ 리본의 길이)-(노란색 리본의 길이)
=6 m 51 cm-3 m 40 cm=3 m 11 cm

구하기
3 m 11 cm

정답 확인   오늘 나의 실력은?   부모님 확인

140

7주 / 3일

교과서 시각과 시간

시각 읽기

공부한 날
월 일

- 긴바늘이 작은 눈금 한 칸만큼 가면 1분이 지납니다.
- 긴바늘이 숫자 눈금 한 칸만큼 가면 5분이 지납니다.
- → 오른쪽 시계가 나타내는 시각은 8시 20분입니다.

실력 확인하기

시각을 읽어 보시오.

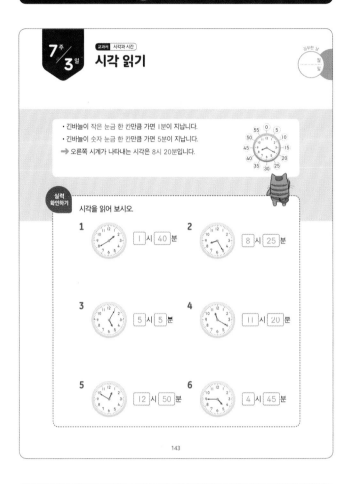

1 1 시 40 분
2 8 시 25 분
3 5 시 5 분
4 11 시 20 분
5 12 시 50 분
6 4 시 45 분

143

---

1 시계가 나타내는 시각을 읽어 보시오

긴바늘이 가리키는 작은 눈금 한 칸은 1분을 나타내.

문제 이해하기
- 긴바늘이 숫자 8을 가리키면 40 분을 나타냅니다.
- 시곗바늘이 가리키는 눈금을 읽어 보면
  짧은바늘: 5 와 6 사이
  긴바늘: 8에서 작은 눈금으로 3 칸 더 간 곳

구하기 5 시 43 분

2 시계가 나타내는 시각을 읽어 보시오.

문제 이해하기
- 긴바늘이 숫자 7을 가리키면 35 분을 나타냅니다.
- 시곗바늘이 가리키는 눈금을 읽어 보면
  짧은바늘: 1 과 2 사이
  긴바늘: 7에서 작은 눈금으로 2 칸 더 간 곳

구하기 1 시 37 분

3 시계가 나타내는 시각이 8시 23분이 되도록 긴바늘을 그려 넣으시오

문제 이해하기
- 8시 23분은 8시 20분에서 3 분 더 지난 시각입니다.
- 20분일 때 긴바늘은 숫자 4 를 가리키므로 23분일 때 긴바늘은 숫자 4 에서 작은 눈금으로 3 칸 더 간 곳을 가리킵니다.

구하기

144

---

4 시계를 보고 옳게 말한 사람을 찾아 이름을 쓰시오.

3시 11분이야. — 승호
4시가 되려면 10분이 더 지나야 해. — 효원
4시 5분 전이라고 말할 수 있어. — 윤우

문제 이해하기 시곗바늘이 가리키는 눈금의 시각을 읽어 보면
짧은바늘: 3 과 4 사이 3 시 55 분
긴바늘: 11
→ 이 시각은 4시가 되기 5 분 전의 시각과 같습니다.

구하기 윤우

5 시각을 두 가지 방법으로 읽어 보시오.

문제 이해하기 시곗바늘이 가리키는 눈금의 시각을 읽어 보면
짧은바늘: 7 과 8 사이
긴바늘: 10

구하기 7 시 50 분
8 시 10 분 전

6 놀이터에 더 일찍 도착한 사람은 누구입니까?

세주: 나는 5시 50분에 도착했어.
정호: 나는 6시 15분 전에 도착했어.

- 세주가 도착한 시각: 5시 50분
- 정호가 도착한 시각:
  → 6시 15 분 전
  → 5 시 45 분

구하기 정호

145

재미있는 수학 놀이터

토끼의 바쁜 하루

토끼의 하루가 바쁘게 흐르네요. 토끼의 시계에 시곗바늘을 바르게 그리고 빈칸에 시각을 써 보세요.

오늘 할 일
☐ 5시 - 여왕님의 생일 파티
☐ 7시 - 배추벌레와 티타임

여왕님의 생일 파티 15분 전이잖아!
4 시 45 분

5분 뒤면 배추벌레와 티타임을 갖기로 한 시간이네!
6 시 55 분

146

7주
4일 　교과서 시각과 시간

시간 알아보기 ❶

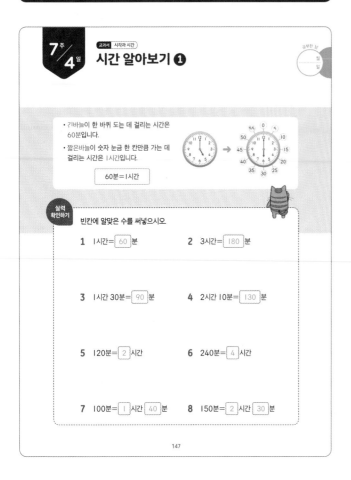

- 긴바늘이 한 바퀴 도는 데 걸리는 시간은 60분입니다.
- 짧은바늘이 숫자 눈금 한 칸만큼 가는 데 걸리는 시간은 1시간입니다.

60분=1시간

실력 확인하기

빈칸에 알맞은 수를 써넣으시오.

1　1시간= 60 분

2　3시간= 180 분

3　1시간 30분= 90 분

4　2시간 10분= 130 분

5　120분= 2 시간

6　240분= 4 시간

7　100분= 1 시간 40 분

8　150분= 2 시간 30 분

147

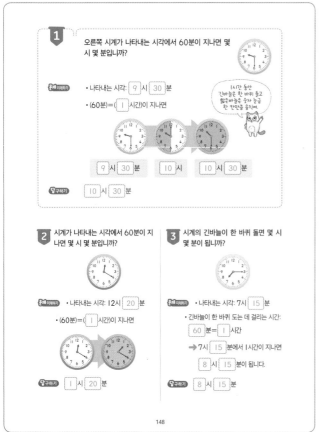

1　오른쪽 시계가 나타내는 시각에서 60분이 지나면 몇 시 몇 분입니까?

문제 이해하기
- 나타내는 시각 9 시 30 분
- (60분)=(1)시간이 지나면

시간 동안 긴바늘은 한 바퀴 돌고 짧은바늘은 숫자 눈금 한 칸만큼 움직여.

9 시 30 분　10 시　10 시 30 분

답구하기　10 시 30 분

2　시계가 나타내는 시각에서 60분이 지나면 몇 시 몇 분입니까?

문제 이해하기
- 나타내는 시각: 12시 20 분
- (60분)=(1)시간이 지나면

답구하기　1 시 20 분

3　시계의 긴바늘이 한 바퀴 돌면 몇 시 몇 분이 됩니까?

문제 이해하기
- 나타내는 시각: 7시 15 분
- 긴바늘이 한 바퀴 도는 데 걸리는 시간: 60 분= 1 시간
- → 7시 15 분에서 1시간이 지나면 8 시 15 분이 됩니다.

답구하기　8 시 15 분

148

4　세진이가 만들기를 하는 데 걸린 시간은 몇 시간 몇 분입니까?

시작한 시각　끝난 시각

문제 이해하기　걸린 시간을 시간 띠에 나타내 보면

4시 10분 20분 30분 40분 50분 5시 10분 20분 30분 40분 50분 6시

→ 90 분= 1 시간 30 분

1시간이 6칸이니까 한 칸은 10분을 나타내.

답구하기　1 시간 30 분

5　규호가 심부름을 하는 데 걸린 시간은 몇 분입니까?

시작한 시각　끝난 시각

문제 이해하기
- 시작한 시각: 9 시 20 분
- 끝난 시각: 10 시
- 걸린 시간을 시간 띠에 나타내 보면

50분 9시 10분 20분 30분 40분 50분 10시 10분 20분

→ 40 분

답구하기　40 분

6　채연이가 그림을 그리는 데 걸린 시간은 몇 시간 몇 분입니까?

시작한 시각　끝난 시각

문제 이해하기
- 시작한 시각: 1 시 40 분
- 끝난 시각: 2 시 50 분
- 걸린 시간을 시간 띠에 나타내 보면

30분 40분 50분 2시 10분 20분 30분 40분 50분 3시

→ 70 분= 1 시간 10 분

답구하기　1 시간 10 분

149

재미있는 수학 놀이터

고장 나지 않은 시계 찾기

예은이네 집에는 시계가 4개 있는데 그중 3개는 고장 난 시계랍니다. 예은이가 놀이터에 간 지 1시간 20분 만에 돌아왔어요. 고장 나지 않은 시계를 찾아 ○표 하세요.

2시 40분　5시 20분　4시 15분　3시 35분

놀이터 갔다 올게요!

3시 40분　6시　5시 40분　4시 55분

다녀왔습니다!

2시 40분부터 1시간 20분 후는 4시입니다.

5시 20분부터 1시간 20분 후는 6시 40분입니다.

4시 15분부터 1시간 20분 후는 5시 35분입니다.

150

교과서 시각과 시간

시간 알아보기 ❷

1 예림이가 줄넘기 연습을 시작한 시각입니다. 줄넘기 연습을 1시간 20분 동안 했다면 연습을 마친 시각은 몇 시 몇 분입니까?

시작한 시각

문제 이해하기

시간 띠를 이용하여 연습을 마친 시각을 알아보면

시작한 시각	마친 시각
4 시 20 분	5 시 40 분

1시간 20분 후

4시 ─ 5시 ─ 6시

1시간 후   20분 후

구하기 5 시 40 분

2 재훈이가 퍼즐 맞추기를 시작한 시각입니다. 퍼즐을 2시간 30분 동안 맞췄다면 퍼즐 맞추기가 끝난 시각은 몇 시 몇 분입니까?

시작한 시각

문제 이해하기
• 퍼즐 맞추기를 시작한 시각: 10시 10분
• 퍼즐 맞추기를 한 시간: 2시간 30분
• 퍼즐 맞추기가 끝난 시각을 알아보면

10시 10분 ──2시간 30분 후──▶ 12시 40분

구하기 12시 40분

151

3 효희가 할머니 댁에 도착한 시각입니다. 효희가 집에서 할머니 댁까지 가는 데 1시간 30분이 걸렸다면 효희가 출발한 시각은 몇 시 몇 분입니까?

도착한 시각

문제 이해하기

시간 띠를 이용하여 출발한 시각을 알아보면

출발한 시각	도착한 시각
6 시 20 분	7 시 50 분

1시간 30분 전

6시 ─ 7시 ─ 8시

30분 전   1시간 전

구하기 6 시 20 분

4 영화 상영이 끝난 시각입니다. 영화가 1시간 20분 동안 상영되었다면 영화는 몇 시 몇 분에 시작했습니까?

끝난 시각

문제 이해하기
• 영화 상영이 끝난 시각: 8시
• 영화 상영 시간: 1시간 20분
• 영화가 시작한 시각을 알아보면

6시 40분 ◀──1시간 20분 전── 8시

구하기 6시 40분

152

5 1교시와 2교시의 수업 시간이 같을 때, 2교시 수업이 끝나는 시각은 몇 시 몇 분입니까?

수업 시간표
1교시 9:40 ~ 10:30
2교시 10:30 ~ ?

문제 이해하기
• 1교시 수업 시간: 9시 40분부터 10시 30분까지 ➡ 50 분
• 시간 띠를 이용하여 2교시 수업이 끝나는 시각을 알아보면

시작하는 시각	끝나는 시각
10시 30분	11 시 20 분

10시 ─ 11시 ─ 12시

50 분 후

구하기 11 시 20 분

6 전반전과 후반전의 경기 시간이 같을 때, 후반전이 끝나는 시각은 몇 시 몇 분입니까?

경기 시간

전반전	2:50 ~ 3:30
후반전	3:40 ~ ?

문제 이해하기
• 전반전 경기 시간: 2시 50분부터 3시 30분까지 ➡ 40분
• 후반전이 끝나는 시각을 알아보면

3시 40분 ──40분 후──▶ 4시 20분

구하기 4시 20분

153

재미있는 **수학놀이터**

어떤 영화를 봤을까?

친구들은 어떤 영화를 봤을까요? 친구의 이름 아래에 친구가 본 영화 제목을 써 보세요.

아기 누룽지의 모험   상영 시간: 96분
목도리도마뱀   상영 시간: 75분
명탐정 토토   상영 시간: 80분

내가 본 영화는 1시간 15분짜리였어.
75분

내가 본 영화는 5시에 시작해서 6시 20분에 끝났어.

승희
목도리도마뱀

기훈
명탐정 토토

1시간 20분=80분

154

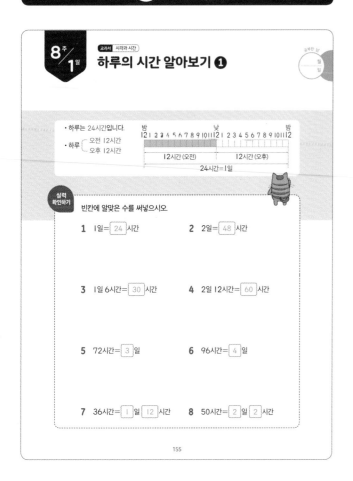

8주/1일 교과서 시각과 시간
하루의 시간 알아보기 ❶

- 하루는 24시간입니다.
- 하루 [오전 12시간 / 오후 12시간]

밤 12 1 2 3 4 5 6 7 8 9 10 11 12 낮 1 2 3 4 5 6 7 8 9 10 11 12 밤
| 12시간(오전) | 12시간(오후) |
24시간=1일

실력 확인하기

빈칸에 알맞은 수를 써넣으시오.

1 1일=[24]시간
2 2일=[48]시간

3 1일 6시간=[30]시간
4 2일 12시간=[60]시간

5 72시간=[3]일
6 96시간=[4]일

7 36시간=[1]일 [12]시간
8 50시간=[2]일 [2]시간

155

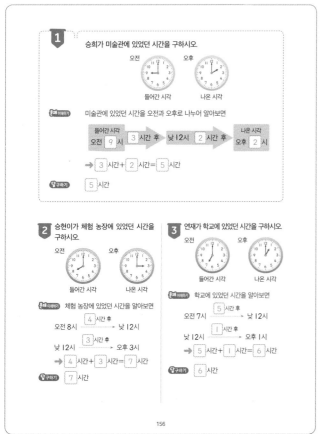

1 승희가 미술관에 있었던 시간을 구하시오.

오전 들어간 시각 / 오후 나온 시각

미술관에 있었던 시간을 오전과 오후로 나누어 알아보면

들어간 시각 오전 [9]시 → [3]시간 후 → 낮12시 → [2]시간 후 → 나온 시각 오후 [2]시

→ [3]시간+[2]시간=[5]시간

[5]시간

2 승현이가 체험 농장에 있었던 시간을 구하시오.

오전 들어간 시각 / 오후 나온 시각

체험 농장에 있었던 시간을 알아보면

오전 8시 →[4]시간 후→ 낮 12시
낮 12시 →[3]시간 후→ 오후 3시
→ [4]시간+[3]시간=[7]시간

[7]시간

3 연재가 학교에 있었던 시간을 구하시오.

오전 들어간 시각 / 오후 나온 시각

학교에 있었던 시간을 알아보면

오전 7시 →[5]시간 후→ 낮 12시
낮 12시 →[1]시간 후→ 오후 1시
→ [5]시간+[1]시간=[6]시간

[6]시간

156

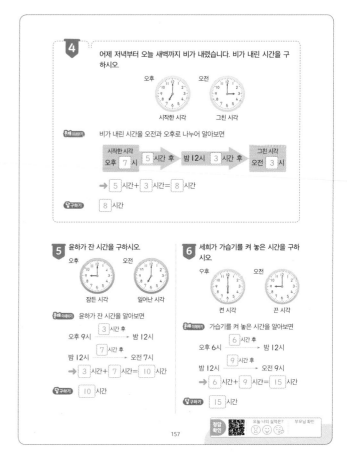

4 어제 저녁부터 오늘 새벽까지 비가 내렸습니다. 비가 내린 시간을 구하시오.

오후 시작한 시각 / 오전 그친 시각

비가 내린 시간을 오전과 오후로 나누어 알아보면

시작한 시각 오후 [7]시 → [5]시간 후 → 밤12시 → [3]시간 후 → 그친 시각 오전 [3]시

→ [5]시간+[3]시간=[8]시간

[8]시간

5 윤하가 잔 시간을 구하시오.

오후 잠든 시각 / 오전 일어난 시각

윤하가 잔 시간을 알아보면

오후 9시 →[3]시간 후→ 밤 12시
밤 12시 →[7]시간 후→ 오전 7시
→ [3]시간+[7]시간=[10]시간

[10]시간

6 세희가 가습기를 켜 놓은 시간을 구하시오.

오후 켠 시각 / 오전 끈 시각

가습기를 켜 놓은 시간을 알아보면

오후 6시 →[6]시간 후→ 밤 12시
밤 12시 →[9]시간 후→ 오전 9시
→ [6]시간+[9]시간=[15]시간

[15]시간

157

재미있는 수학 놀이터
빨래를 걷어요

빨래마다 말려야 하는 시간이 적혀 있어요. 지금은 오전 8시예요. 각각 몇 시에 걷어야 할까요?

티셔츠 11시간
바지 14시간
치마 5시간
수건 3시간

빨래 걷을 시간

☑ 티셔츠: (오전 , (오후)) [7]시
☑ 바지: (오전 , (오후)) [10]시
☑ 치마: (오전 , (오후)) [1]시
☑ 수건: ((오전) , 오후) [11]시

158

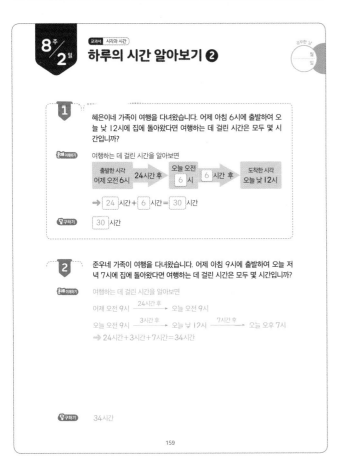

교과서 시각과 시간

하루의 시간 알아보기 ❷

1

혜은이네 가족이 여행을 다녀왔습니다. 어제 아침 6시에 출발하여 오늘 낮 12시에 집에 돌아왔다면 여행하는 데 걸린 시간은 모두 몇 시간입니까?

문제 이해하기

여행하는 데 걸린 시간을 알아보면

| 출발한 시각
어제 오전 6시 | 24시간 후 | 오늘 오전
6 시 | 6 시간 후 | 도착한 시각
오늘 낮 12시 |

➡ 24 시간 + 6 시간 = 30 시간

구하기 30 시간

2

준우네 가족이 여행을 다녀왔습니다. 어제 아침 9시에 출발하여 오늘 저녁 7시에 집에 돌아왔다면 여행하는 데 걸린 시간은 모두 몇 시간입니까?

문제 이해하기

여행하는 데 걸린 시간을 알아보면

어제 오전 9시 ─24시간 후→ 오늘 오전 9시

오늘 오전 9시 ─3시간 후→ 오늘 낮 12시 ─7시간 후→ 오늘 오후 7시

➡ 24시간 + 3시간 + 7시간 = 34시간

구하기 34시간

159

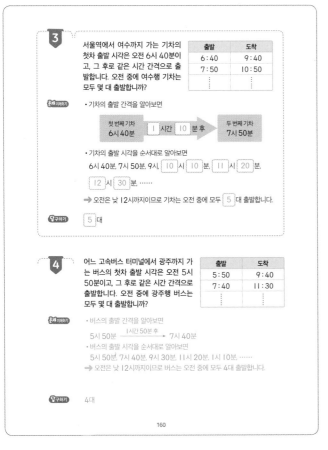

3

서울역에서 여수까지 가는 기차의 첫차 출발 시각은 오전 6시 40분이고, 그 후로 같은 시간 간격으로 출발합니다. 오전 중에 여수행 기차는 모두 몇 대 출발합니까?

출발	도착
6:40	9:40
7:50	10:50

문제 이해하기

• 기차의 출발 간격을 알아보면

| 첫 번째 기차
6시 40분 | 1 시간 10 분 후 | 두 번째 기차
7시 50분 |

• 기차의 출발 시각을 순서대로 알아보면

6시 40분, 7시 50분, 9시, 10 시 10 분, 11 시 20 분, 12 시 30 분, ……

➡ 오전은 낮 12시까지이므로 기차는 오전 중에 모두 5 대 출발합니다.

구하기 5 대

4

어느 고속버스 터미널에서 광주까지 가는 버스의 첫차 출발 시각은 오전 5시 50분이고, 그 후로 같은 시간 간격으로 출발합니다. 오전 중에 광주행 버스는 모두 몇 대 출발합니까?

출발	도착
5:50	9:40
7:40	11:30

문제 이해하기

• 버스의 출발 간격을 알아보면

5시 50분 ─1시간 50분 후→ 7시 40분

• 버스의 출발 시각을 순서대로 알아보면

5시 50분, 7시 40분, 9시 30분, 11시 20분, 1시 10분, ……

➡ 오전은 낮 12시까지이므로 버스는 오전 중에 모두 4대 출발합니다.

구하기 4대

160

5

1시간에 1분씩 빨라지는 시계가 있습니다. 이 시계의 시각을 오전 8시에 정확하게 맞추었습니다. 같은 날 낮 12시에 이 시계가 가리키는 시각은 몇 시 몇 분입니까?

문제 이해하기

• 오전 8시부터 같은 날 낮 12시까지는 4 시간입니다.

• 이 시계는 한 시간 동안 1분씩 더 가므로

| | 1시간 뒤 | 2시간 뒤 | 3시간 뒤 |
| 8시 | 9시 1분 | 10시 2분 | 11시 3분 |

➡ 4시간 동안 4 분만큼 더 갑니다.

➡ 이 시계는 낮 12시에 12시에서 4 분이 지난 시각을 가리킵니다.

구하기 12 시 4 분

6

1시간에 1분씩 빨라지는 시계가 있습니다. 이 시계의 시각을 오전 6시에 정확하게 맞추었습니다. 같은 날 오후 3시에 이 시계가 가리키는 시각은 몇 시 몇 분입니까?

문제 이해하기

• 오전 6시부터 같은 날 오후 3시까지는 9시간입니다.

• 이 시계는 한 시간 동안 1분씩 더 가므로

| | 1시간 뒤 | 2시간 뒤 |
| 6시 | 7시 1분 | 8시 2분 |

➡ 9시간 동안 9분만큼 더 갑니다.

➡ 이 시계는 오후 3시에 3시에서 9분이 지난 시각을 가리킵니다.

구하기 3시 9분

161

재미있는 **수학 놀이터**

시곗바늘 타임머신

시곗바늘을 거꾸로 돌리면 과거로 가는 상상의 타임머신이 있어요. 친구들이 원하는 시간으로 돌아가려면 시곗바늘을 거꾸로 몇 바퀴 돌려야 할까요? 알맞게 써 보세요.

나는 5시간 전으로 가서 아이스크림을 다시 먹을래. ➡ 긴바늘을 거꾸로 5 바퀴

나는 하루 전으로 가서 축구 결승전을 다시 하고 싶어. ➡ 짧은바늘을 거꾸로 2 바퀴

나는 이틀 전으로 돌아갈래. 개화하기 전으로! ➡ 짧은바늘을 거꾸로 4 바퀴

162

37

8주/3일 교과서 시각과 시간

달력 알아보기 ❶

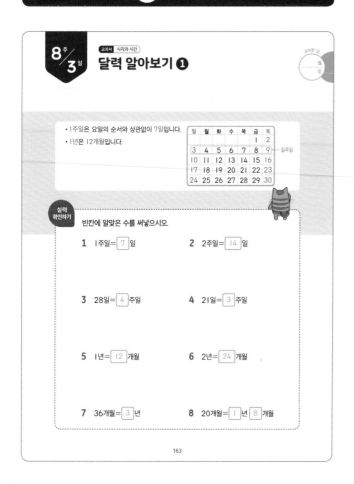

- 1주일은 요일의 순서와 상관없이 7일입니다.
- 1년은 12개월입니다.

일	월	화	수	목	금	토
					1	2
3	4	5	6	7	8	9
10	11	12	13	14	15	16
17	18	19	20	21	22	23
24	25	26	27	28	29	30

실력 확인하기

빈칸에 알맞은 수를 써넣으시오.

1 1주일 = 7 일

2 2주일 = 14 일

3 28일 = 4 주일

4 21일 = 3 주일

5 1년 = 12 개월

6 2년 = 24 개월

7 36개월 = 3 년

8 20개월 = 1 년 8 개월

163

1 식목일로부터 23일 후는 며칠이고 무슨 요일입니까?

4월

일	월	화	수	목	금	토
			1	2	3	④
6	7	8	9	10	11	12
13	14	15	16	17	18	19
20	21	22	23	24	25	26
27	28	29	30			

1주일은 7일이고, 같은 요일은 7일마다 반복돼.

문제 이해하기
- 23일 = 3 주 + 2 일
- 4월 5일로부터 3주 후 ➡ 4월 26 일 토 요일
- 4월 5일로부터 23일 후 ➡ 4월 28 일 월 요일

답구하기 4월 28 일, 월 요일

2 개천절로부터 17일 후는 며칠이고 무슨 요일입니까?

10월

일	월	화	수	목	금	토
	1	2	③	4	5	6
7	8	9	10	11	12	13
14	15	16	17	18	19	20
21	22	23	24	25	26	27
28	29	30	31			

문제 이해하기
- 17일 = 2주 + 3 일
- 10월 3일로부터 2주 후 ➡ 10월 17 일, 수 요일
- 10월 3일로부터 17일 후 ➡ 10 월 20 일, 토 요일

답구하기 10 월 20 일, 토 요일

3 성탄절로부터 18일 전은 며칠이고 무슨 요일입니까?

12월

일	월	화	수	목	금	토
					1	2
3	4	5	6	7	8	9
10	11	12	13	14	15	16
19	20	21	22	23	24	㉕
26	27	28	29	30		

문제 이해하기
- 18일 = 2주 + 4 일
- 12월 25일로부터 2주 전 ➡ 12월 11 일, 토 요일
- 12월 25일로부터 18일 전 ➡ 12월 7 일, 화 요일

답구하기 12 월 7 일, 화 요일

164

4 정우는 태권도 심사일까지 매주 월요일과 수요일에 연습을 하기로 했습니다. 태권도 심사일이 4월 셋째 토요일이라면 4월에 정우가 태권도 연습을 하는 날은 모두 며칠입니까?

4월

일	월	화	수	목	금	토
				1	2	3	4	5
6	7	8	9	10	11	12
13	14	15	16	17	18	19
20	21	22	23	24	25	26
27	28	29	30			

문제 이해하기
- 4월 셋째 토요일 ➡ 19 일
- 4월 셋째 토요일까지 월요일과 수요일을 모두 찾아보면
  2일, 7 일, 9 일, 14 일, 16 일

답구하기 5 일

5 지은이는 합창 대회 날까지 매주 수요일과 금요일에 연습을 하기로 했습니다. 합창 대회가 4월 넷째 목요일이라면 4월에 지은이가 연습을 하는 날은 모두 며칠입니까? (단, 4월 달력은 **4**의 달력과 같습니다.)

문제 이해하기
- 4월 넷째 목요일: 24 일
- 4월 넷째 목요일까지 수요일과 금요일을 모두 찾아보면
  2일, 4일, 9 일, 11 일
  16 일, 18 일, 23 일

답구하기 7 일

6 은아는 매주 월요일에 도서관에 갑니다. 은아가 1월 한 달 동안 도서관에 가는 날은 모두 며칠입니까?

1월

일	월	화	수	목	금	토
					1	2	3
4	5	6	7	8	9	10

문제 이해하기
- 1월은 31 일까지 있습니다.
- 1월 한 달 동안 월요일을 모두 찾아보면
  5일, 12일, 19 일, 26 일

답구하기 4 일

165

재미있는 수학 놀이터

예림이의 생일은 언제일까요?

힌트를 읽고 예림이의 생일을 찾아 달력에 ○표 하세요.

1월, 3월, 5월, 7월, 8월, 10월, 12월

- 예림이의 생일이 있는 달은 31일까지 있어요.
- 예림이의 생일이 있는 달은 토요일이 다섯 번 있어요. → 5월, 8월, 10월
- 예림이의 생일이 있는 달의 14일은 금요일이에요. → 8월
- 예림이의 생일은 그 달의 셋째 일요일이에요. → 8월 16일

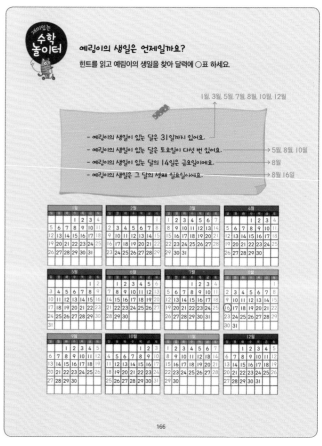

166

8주 4일 교과서 시각과 시간

달력 알아보기 ❷

1 오른쪽은 어느 해 11월 달력의 일부분입니다. 이 달의 마지막 날은 무슨 요일입니까?

			11월			
일	월	화	수	목	금	토
					1	2
3	4	5	6	7	8	9

문제 이해하기

· 11월의 마지막 날: 30일

· 마지막 날인 30일에서 7 씩 뺀 날도 같은 요일입니다.

7일마다 같은 요일이 반복돼요.

30일, 23 일, 16 일, 9 일, 2일
　　 -7　 -7　 -7　 -7

➔ 2일이 토 요일이므로 이 달의 마지막 날도 토 요일입니다.

답구하기 토 요일

2 오른쪽은 어느 해 5월 달력의 일부분입니다. 이 달의 마지막 날은 무슨 요일입니까?

			5월			
일	월	화	수	목	금	토
				1	2	3	4
5	6			9	10	11

문제 이해하기

· 5월의 마지막 날: 31일

· 7일마다 같은 요일이 반복되므로 31일에서 7씩 뺀 날도 같은 요일입니다.

31일, 24일, 17일, 10일, 3일
　　 -7　 -7　 -7　 -7

➔ 3일이 금요일이므로 이 달의 마지막 날도 금요일입니다.

답구하기 금요일

167

3 오른쪽은 벚꽃 축제를 알리는 포스터입니다. 벚꽃 축제를 하는 기간은 모두 며칠입니까?

기간: 3월 28일부터 4월 7일까지

문제 이해하기

· 3월은 31 일까지 있습니다.

　3월의 축제 기간　　　　4월의 축제 기간

3월 28일 ~ 3월 31 일　+　4월 1일 ~ 4월 7일
　　　 4 일　　　　　　　　 7 일

➔ 축제를 하는 기간: 4 일+ 7 일= 11 일

답구하기 11 일

4 오른쪽은 도자기 축제를 알리는 포스터입니다. 도자기 축제를 하는 기간은 모두 며칠입니까?

기간: 9월 25일부터 10월 6일까지

문제 이해하기

· 9월은 30일까지 있습니다.

· 9월의 축제 기간: 9월 25일 ~ 9월 30일 ➔ 6일

· 10월의 축제 기간: 10월 1일 ~ 10월 6일 ➔ 6일

➔ 축제를 하는 기간: 6일+6일=12일

답구하기 12일

168

5 준석이와 유정이 중 누가 태권도를 몇 개월 더 배웠습니까?

준석: 1년 9개월 동안 배웠어.
유정: 23개월 동안 배웠어.

준석　　　 유정

문제 이해하기 태권도를 배운 기간을 몇 개월로 나타내어 비교해 보면

준석: 1년 9개월=1년+9개월= 12 개월+9개월= 21 개월
유정: 23개월

➔ (준석 , 유정)이가 23개월- 21 개월= 2 개월 더 배웠습니다.

답구하기 유정 , 2 개월

6 현지와 휘재 중 누가 수영을 몇 개월 더 배웠습니까?

나는 2년 6개월 동안 배웠어.
나는 25개월 동안 배웠어.

현지　　　 휘재

문제 이해하기 수영을 배운 기간을 몇 개월로 나타내어 비교해 보면

현지: 2년 6개월=1년+1년+6개월=12개월+12개월+6개월
　　　=30개월
휘재: 25개월

➔ 현지가 30개월-25개월=5개월 더 배웠습니다.

답구하기 현지 5개월

169

재미있는 **수학 놀이터**

신기한 물약

마법사가 물약을 만들었어요. 물약들은 만든 날짜부터 물약 병에 적힌 시간만큼만 사용할 수 있어요. 2020년 7월에 온 손님에게 팔 수 없는 물약에 모두 ○표 하세요.

졸음 물약
〈만든 날짜〉
2017년 3월 1일
39개월
↳ 3년 3개월이므로 2020년 5월 31일까지

치료 물약
〈만든 날짜〉
2016년 7월 1일
41개월
↳ 3년 5개월이므로 2019년 11월 30일까지

시간 물약
〈만든 날짜〉
2018년 9월 1일
26개월
↳ 2년 2개월이므로 2020년 10월 31일까지

투명 물약
〈만든 날짜〉
2019년 4월 1일
52개월
↳ 4년 4개월이므로 2023년 7월 31일까지

2020년
7월

사용 기간이 지나서 못 파는 물약이 있단다.

물약 사러 왔어요.

170

39

8주/5일 · 교과서 시각과 시간

단원 마무리

공부한 날
월 일

01 같은 시각을 나타내는 것끼리 이어 보시오.

🔍구하기

01 이해하기
주어진 시계의 시각을 읽어 보면
• 첫 번째 시계: 짧은바늘이 6과 7 사이, 긴바늘이 9를 가리킵니다. ➡ 6시 45분
• 두 번째 시계: 짧은바늘이 6과 7 사이, 긴바늘이 4에서 작은 눈금으로 1칸 덜 간 곳을 가리킵니다. ➡ 6시 19분
• 세 번째 시계: 짧은바늘이 9와 10 사이, 긴바늘이 3에서 작은 눈금으로 1칸 더 간 곳을 가리킵니다. ➡ 9시 16분

02 거울에 비친 시계를 보았습니다. 이 시계가 나타내는 시각은 몇 시 몇 분입니까?

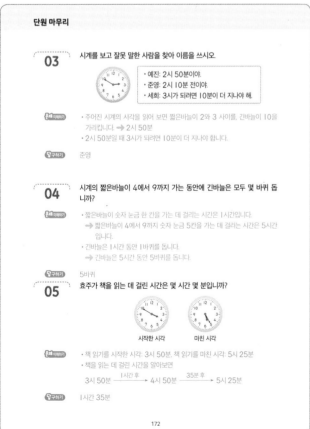

01 이해하기
주어진 시계의 시각을 읽어 보면
짧은바늘이 10과 11 사이를, 긴바늘이 7을 가리킵니다.
➡ 10시 35분

🔍구하기 10시 35분

171

단원 마무리

03 시계를 보고 잘못 말한 사람을 찾아 이름을 쓰시오.

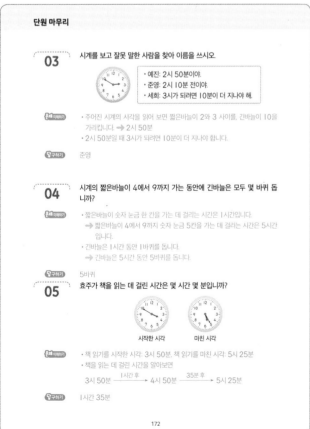

• 예진: 2시 50분이야.
• 준영: 2시 10분 전이야.
• 세희: 3시가 되려면 10분이 더 지나야 해.

01 이해하기
• 주어진 시계의 시각을 읽어 보면 짧은바늘이 2와 3 사이를, 긴바늘이 10을 가리킵니다. ➡ 2시 50분
• 2시 50분일 때 3시가 되려면 10분이 더 지나야 합니다.

🔍구하기 준영

04 시계의 짧은바늘이 4에서 9까지 가는 동안에 긴바늘은 모두 몇 바퀴 돕니까?

01 이해하기
• 짧은바늘이 숫자 눈금 한 칸을 가는 데 걸리는 시간은 1시간입니다.
➡ 짧은바늘이 4에서 9까지 숫자 눈금 5칸을 가는 데 걸리는 시간은 5시간입니다.
• 긴바늘은 1시간 동안 1바퀴를 돕니다.
➡ 긴바늘은 5시간 동안 5바퀴를 돕니다.

🔍구하기 5바퀴

05 효주가 책을 읽는 데 걸린 시간은 몇 시간 몇 분입니까?

시작한 시각   마친 시각

01 이해하기
• 책 읽기를 시작한 시각: 3시 50분, 책 읽기를 마친 시각: 5시 25분
• 책을 읽는 데 걸린 시간을 알아보면
3시 50분 —1시간 후→ 4시 50분 —35분 후→ 5시 25분

🔍구하기 1시간 35분

172

교과서 시각과 시간

06 윤수네 가족의 여행 일정표를 보고 알맞은 말에 ○표 하시오.

첫째 날		둘째 날	
시간	할 일	시간	할 일
7:00 ~ 9:30	강릉으로 이동	7:00 ~ 8:00	아침 식사
9:30 ~ 10:30	아침 식사	8:00 ~ 10:00	바다에서 물놀이
10:30 ~ 12:00	오죽헌 구경		
12:00 ~ 1:00	점심 식사	4:00 ~ 5:30	수산 시장 구경
		5:30 ~ 8:00	집으로 이동

• 윤수네 가족은 첫째 날 (오전 , 오후)에는 오죽헌을 구경하였습니다.
• 둘째 날 (오전 , 오후)에는 집으로 이동하였습니다.

01 이해하기
전날 밤 12시부터 낮 12시까지를 오전, 낮 12시부터 밤 12시까지를 오후라고 합니다.
오죽헌을 구경한 시간: 아침 10시 30분부터 낮 12시까지 ➡ 오전
집으로 이동한 시간: 저녁 5시 30분부터 밤 8시까지 ➡ 오후

🔍구하기 오전에 ○표 / 오후에 ○표

07 오늘 아침 10시부터 비가 내리기 시작하여 저녁 6시 40분에 그쳤습니다. 비가 내린 시간을 구하시오.

01 이해하기
비가 내린 시간을 오전과 오후로 나누어 알아보면
오전 10시 —2시간 후→ 낮 12시 —6시간 40분 후→ 오후 6시 40분
➡ 2시간+6시간 40분=8시간 40분

🔍구하기 8시간 40분

173

단원 마무리

08 지금은 8일 오후 5시입니다. 시계의 짧은바늘이 한 바퀴 돌면 며칠 몇 시인지 빈칸에 알맞은 수를 써넣고, 알맞은 말에 ○표 하시오.

9 일 (오전 , 오후) 5 시

01 이해하기
• 짧은바늘이 숫자 눈금 한 칸만큼 가는 데 한 시간이 걸립니다.
• 시계의 숫자 눈금은 12개이므로 짧은바늘이 한 바퀴 돌면 12시간이 지난 것입니다.
➡ 8일 오후 5시부터 12시간 후는 9일 오전 5시입니다.

🔍구하기 9일 오전 5시

09 민아와 현수 중 운동을 더 오래 한 사람은 누구입니까?

	운동을 시작한 시각	운동을 마친 시각
민아	2시 40분	4시 10분
현수	2시 20분	3시 40분

01 이해하기
• 민아가 운동한 시간: 2시 40분 —1시간 후→ 3시 40분 —30분 후→ 4시 10분
➡ 1시간 30분
• 현수가 운동한 시간: 2시 20분 —1시간 후→ 3시 20분 —20분 후→ 3시 40분
➡ 1시간 20분

🔍구하기 민아

10 오른쪽은 어느 해 4월 달력의 일부분입니다. 이 달의 마지막 날은 무슨 요일입니까?

					4월	
일	월	화	수	목	금	토
				1	2	3	4
					10	11

01 이해하기
• 4월의 마지막 날은 30일입니다.
• 7일마다 같은 요일이 반복되므로 30일에서 7씩 뺀 날도 같은 요일입니다.
30일, 23일, 16일, 9일, 2일
-7 -7 -7 -7
➡ 2일이 목요일이므로 30일은 2일과 같은 요일입니다.

🔍구하기 목요일

정답
확인 오늘 나의 실력은? 부모님 확인

174

40

초등 수학 완전 정복 프로젝트

하루한장 쏙셈

구 성 1~6학년 학기별 [12책]

콘셉트 교과서에 따른 수·연산·도형·측정까지 연산력을 향상하는
연산 기본서

키워드 기본 연산력 다지기

하루한장 쏙셈＋플러스

구 성 1~6학년 학기별 [12책]

콘셉트 문장제부터 창의·사고력 문제까지 수학적 역량을 키우는
연산 응용서

키워드 연산 응용력 키우기

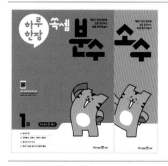

하루한장 쏙셈 분수   하루한장 쏙셈 소수

구 성 3~6학년 단계별 [분수 2책, 소수 2책]

콘셉트 분수·소수의 개념과 연산 원리를 익히고 연산력을 키우는
쏙셈 영역 학습서

키워드 분수·소수 집중 훈련하기

문해길 (원리)

구 성 1~6학년 학기별 [12책]

콘셉트 8가지 문제 해결 전략을 익히며 문장제와 서술형을 정복하는
상위권 학습서

키워드 문장제 해결력 강화하기

문해길 (심화)

구 성 1~6학년 학년별 [6책]

콘셉트 고난도 유형 해결 전략을 익히며 최고 수준에 도전하는
최상위권 학습서

키워드 고난도 유형 해결력 완성하기

www.mirae-n.com

학습하다가 이해되지 않는 부분이나 정오표 등의 궁금한 사항이 있나요?
미래엔 홈페이지에서 해결해 드립니다.

교재 내용 문의
1:1 문의 | 수학 과이쌤 | 자주하는 질문

교재 자료 및 정답
동영상 강의 | 쌍둥이 문제 | 정답과 해설 | 정오표

No.1 New Network
http://cafe.naver.com/mathmap

함께해요!▶
바른 공부법 캠페인

궁금해요!▶
교재 질문 & 학습 고민 타파

공부해요!▶
미래엔 에듀 초·중등 교재

참여해요!▶
선물이 마구 쏟아지는 이벤트

	초등학교
학년	반	이름